U0303092

多灾种耦合风险评估方法

翁文国　贺治超　汪嘉俊　沈锴欣　著

科　学　出　版　社

北　京

内 容 简 介

　　本书主要阐述多灾种耦合灾害与事故的风险评估理论、模型和方法，围绕 Natech 事件、多米诺事故、自然灾害链、并行灾害事故四类典型多灾种耦合灾害或事故类型的风险评估问题，阐述了过往研究成果、现有研究进展以及未来研究展望。本书构建了多灾种耦合风险评估研究框架，阐述了 Natech 事件的关联度分析研究成果，以及多米诺事故的风险定性、定量评估模型和方法。进一步从风险识别、分析、评价三个环节阐述了自然灾害链的风险评估方法研究成果，还介绍了并行自然灾害与事故灾难的内部、外部多灾种耦合效应的现有研究成果。

　　本书可供安全科学与工程、应急管理、消防工程、城市规划、管理科学与工程和公共管理等相关领域的科研人员、研究生等参考。

图书在版编目（CIP）数据

多灾种耦合风险评估方法 / 翁文国等著. —北京：科学出版社，2024.2
ISBN 978-7-03-076764-6

Ⅰ. ①多… Ⅱ. ①翁… Ⅲ. ①灾害管理－风险管理－研究 Ⅳ. ①X4

中国国家版本馆 CIP 数据核字（2023）第 202068 号

责任编辑：李　嘉 / 责任校对：贾娜娜
责任印制：赵　博 / 封面设计：有道设计

科 学 出 版 社 出版
北京东黄城根北街 16 号
邮政编码：100717
http://www.sciencep.com
三河市春园印刷有限公司印刷
科学出版社发行　各地新华书店经销
＊
2024 年 2 月第 一 版　开本：720×1000　1/16
2025 年 5 月第二次印刷　印张：12 3/4 插页：1
字数：257 000
定价：152.00 元
（如有印装质量问题，我社负责调换）

序

在人类文明演进的漫长历史中，灾害与事故始终伴随而生，威胁着我们的生存和发展。相比于单一种类的灾害事故，多灾种耦合灾害与事故更为复杂，其成因与机制难以捉摸、概率与频率更难预测、后果与损失更为严重，给公共安全管理带来了新的挑战。

随着社会经济的快速发展，城市化进程不断加快。然而，城市的快速发展也为各类突发事件提供了孕灾环境，不仅危险源日益复杂、多样，全球范围内极端天气的频现也导致各类自然灾害频率逐年上升。"8·12"天津特别重大火灾爆炸事故、美国卡特里娜飓风事件等多灾种耦合灾害与事故接连发生，暴露出传统单一灾害与事故的风险评估方法适用性差、准确性低等问题，灾害与事故间的复杂依存与耦合关联关系日益不容忽视。因此，针对多灾种耦合灾害事故开展风险评估方法研究，对于优化城市高危敏感场所规划布局、支撑安全规范设计与相关政策制定、降低应急响应救援人员安全风险等，具有重要的研究价值和实际意义。

该书研究多灾种耦合灾害事故的风险评估方法，首先通过回顾国内外相关研究，从其概念剖析入手，建立多灾种耦合关系框架。阐明了多灾种耦合灾害事故的种类与特征，提炼出链生效应与耦合效应两类耦合关系，并以此为基础，分类进行深入阐述。多灾种耦合灾害中的链生效应已经得到了较为广泛的认同与研究，包括Natech事件、多米诺事故、自然灾害链等。该书针对其研究对象、灾害成因等开展研究，发现风险评估方法论间既有相通之处，也有各自特征导致的特异性。从链生效应的各个分类分别延伸，该书形成了适用于各类多灾种耦合灾害事故的风险评估模型、方法以及相应的研究成果。耦合效应则是多灾种耦合灾害事故研究的新兴热点，灾害与事故之间复杂的耦合关系为多灾种耦合灾害事故的发展带来了不确定性和不可预测性，现有有限的研究成果尚难以形成成熟的框架与体系。以提升多灾种耦合风险评估的精确性、满足风险精细化管理的需求为目标，该书对耦合效应的研究探索具有显著的学术价值和应用价值。

该书通过小尺寸模型实验、CFD数值模拟、数学建模、统计分析等多种研究方法，综合考虑不同类型自然灾害与事故灾难的内部与外部耦合关系，阐明并量化多灾种耦合灾害事故的风险与后果，形成包含灾害与事故危险性、承灾载体脆弱性、防灾减灾能力等不同维度的风险评估模型与方法，并通过不同案例与场景验证其有效性与实用价值。这一系列成果聚焦于自然灾害与事故灾难的学术研究热点与实际应用前沿，可广泛应用于完善和优化风险辨识、风险分析、风险评价与风险应对的多灾种耦合灾害事故风险管理全环节，为突发事件应急预案编制、高危敏感区域规划布局提供科学依据，也可为自然灾害与事故灾难突发事件的应急响应提供决策支持，改善并提升应急救援人员的工作安全性和效率，最终达到保护人民生命财产安全的目的。我愿意将该书推荐给公共安全、风险应急和管理科学等相关领域的学者、研究人员和研究生阅读，也希望该书作者继续孜孜以求，在多灾种耦合灾害事故风险评估方法的研究中不断取得新的进展。

中国工程院院士

前　言

随着城镇化进程的加快、危险源种类与分布的复杂化发展趋势，以及极端自然灾害发生频率的上升，多灾种耦合灾害与事故已成为当今社会面临的重大公共安全挑战。与传统独立单灾种的灾害事故不同，多灾种耦合灾害事故的发生概率与频率难以准确预测、发展存在高度的不确定性，给灾害事故的预测预警、防灾减灾与应急响应带来了极大的挑战，也给当今愈发密集的城镇人口生命与财产安全引入了极大的风险。面对这一亟待解决的公共安全挑战，本书旨在深入阐述多灾种耦合灾害事故的概念，成体系地介绍多灾种耦合风险评估模型与方法研究的逻辑框架、发展历程以及前沿成果，并提出对多灾种耦合风险评估理论、模型与方法的未来研究展望。

本书第 1 章首先介绍本书的研究背景、目的与意义，进一步根据多灾种耦合概念的解析，提出 Natech 事件、多米诺事故、自然灾害链、并行灾害事故等多灾种耦合关系框架，介绍各类多灾种耦合灾害与事故的实际案例，并以该框架为基础，探讨多灾种链生效应与耦合效应对灾害事故后果与风险的影响。

第 2 章阐述多灾种耦合灾害与事故的风险评估方法论，从风险评估定义与流程、作用与意义、方法分类等多个方面介绍适用于多灾种耦合的风险评估理论、模型与方法。进一步介绍各类多灾种耦合灾害与事故的风险评估方法研究现状与前沿，以及研究面临的挑战与未来展望。

第 3 章阐述 Natech 事件风险评估模型与方法的研究成果。从 Natech 事件关联度分析出发，构建地震、洪水、雷电三类典型 Natech 事件分析模型，提出相应的灾害事故危险性、承灾载体脆弱性等相关评估模型与方法，并描述案例研究成果。

第 4 章阐述多米诺事故的风险评估模型与方法的研究成果。首先通过多米诺效应分析矩阵开展多米诺事故机理的定性分析，以及多米诺事故风险分析模型与方法。其次进一步阐述基于场景分析以及基于蒙特卡罗模拟的多米诺事故风险定量评估方法，最后描述案例研究成果。

第 5 章描述针对自然灾害链的风险管理各环节的研究成果。首先介绍自然灾害链的概念定义，然后进一步从风险识别、风险分析、风险评价、风险应对四个层面阐述自然灾害链风险管理全环节的理论、模型、方法与策略。

第 6 章描述自然灾害与事故灾难的内部、外部多灾种耦合效应及其对风险评估结果的影响。首先介绍火爆毒事故物理效应的实验与数值模拟研究成果，进一步围绕火爆毒事故危险性、人体脆弱性两类耦合效应，以及自然灾害间、自然灾害与事故灾难间的耦合效应展开介绍。

多灾种耦合风险评估是世界各国与组织公认的公共安全学术研究前沿与应急管理重点，也是我国城市与产业快速发展、人与自然环境的矛盾日益凸显面临的实际问题。本书聚焦于自然灾害与事故灾难的研究热点与实际应用前沿，预计可为多灾种耦合风险评估后续研究提供模型与方法基础。

本书在国家自然科学基金重点项目（72034004）、国家杰出青年科学基金项目（71725006）、国家资助博士后研究人员计划（GZB20230359）等项目的资助下完成，在此深表感谢！季学伟、盖程程围绕 Natech 事件与自然灾害链取得了一系列研究成果，为本书编纂做出了重要贡献，特此致谢！

由于作者水平有限，书中难免存在疏漏之处，恳请读者和同行批评指正。

作　者

2023 年 10 月

目　　录

第1章　绪论 ··· 1

　　1.1　研究背景与意义 ··· 1

　　1.2　多灾种耦合概念辨析 ··· 4

　　1.3　国内外研究现状 ··· 9

　　1.4　本书内容安排 ··· 16

　　参考文献 ·· 17

第2章　多灾种耦合风险评估研究框架 ··· 25

　　2.1　概述 ·· 25

　　2.2　多灾种耦合风险评估方法论 ·· 25

　　2.3　多灾种耦合风险评估方法综述 ··· 33

　　2.4　多灾种耦合风险评估面临的挑战与展望 ·· 39

　　2.5　本章小结 ·· 40

　　参考文献 ·· 41

第3章　Natech 事件风险评估 ··· 47

　　3.1　概述 ·· 47

　　3.2　Natech 事件关联度分析建模 ··· 48

　　3.3　地震引发的 Natech 事件风险评估 ·· 54

　　3.4　洪水引发的 Natech 事件风险评估 ·· 63

　　3.5　雷电引发的 Natech 事件风险评估 ·· 73

　　3.6　本章小结 ·· 83

　　参考文献 ·· 83

第4章　多米诺事故风险评估 ··· 86

　　4.1　概述 ·· 86

　　4.2　多米诺效应影响定性分析 ·· 87

　　4.3　多米诺事故风险分析模型与方法 ·· 88

　　4.4　多米诺事故风险定量评估方法 ··· 93

　　4.5　方法在实例中的应用 ·· 102

　　4.6　本章小结 ·· 117

　　参考文献 ·· 118

第 5 章　自然灾害链风险管理 ……………………………………… 121

　5.1　概述 …………………………………………………………… 121

　5.2　自然灾害链的定义与描述 …………………………………… 122

　5.3　自然灾害链风险识别方法研究 ……………………………… 130

　5.4　自然灾害链风险分析建模 …………………………………… 141

　5.5　自然灾害链风险评价 ………………………………………… 150

　5.6　自然灾害链风险应对 ………………………………………… 154

　5.7　本章小结 ……………………………………………………… 159

　参考文献 …………………………………………………………… 160

第 6 章　多灾种耦合效应 ……………………………………………… 163

　6.1　概述 …………………………………………………………… 163

　6.2　多灾种耦合效应研究框架 …………………………………… 164

　6.3　火爆毒事故物理效应的多灾种耦合效应 …………………… 165

　6.4　其他多灾种耦合效应 ………………………………………… 184

　6.5　本章小结 ……………………………………………………… 193

　参考文献 …………………………………………………………… 194

彩图

第 1 章 绪 论

1.1 研究背景与意义

1.1.1 研究背景

随着社会经济的快速发展，城镇化进程不断加快，城市人口与经济密度加速上升。截至 2019 年，56%的世界人口居住在城市中，而这一数字将在 2050 年达到 68%[1]。在经济发展层面，60%的全球生产总值来自仅占世界陆地面积 3%的城市[2]。1978~2020 年，我国城镇常住人口从 1.7 亿人增加到 9.0 亿人，城镇化率从 17.9%提升到 64.7%，城市数量从 193 个增加到 687 个[3]。然而，城市的快速发展也为各类突发公共安全事件提供了孕灾环境，不仅危险源日益复杂、多样，全球气候变化也导致各类严重自然灾害频率逐年上升[4]。城市突发公共安全事件日益增多，所造成的后果日渐加重，给城市安全、经济发展、社会稳定带来了巨大威胁。随着人们生活质量的日益提升，人身安全与社会稳定逐渐取代基本生理需求成为人类更关注的需求层次[5]。为了实现经济与社会的和谐发展，提升防灾减灾、风险监控、应急响应等公共安全管理能力是当代社会迫在眉睫的实际需求。

我国现行的《中华人民共和国突发事件应对法》将影响公共安全的突发事件分为自然灾害、事故灾难、突发社会安全事件和突发公共卫生事件四类[6]。依据这一分类标准，现有学术研究与现行管理政策更多地关注独立灾害事故的机理探究与风险管理。然而，实际灾害事故存在着多灾种（multi-hazard）耦合的发展趋势，复合、链生、耦联等特征成为影响多灾种耦合灾害事故防治有效性与风险评估准确性的重要因素[7]。联合国国际减灾战略机构将多灾种耦合定义为"多种灾害与事故在同一地点同时发生，且存在潜在的相互作用"[8]。随着对多灾种耦合灾害事故认知的不断深入，合理有效地应对多灾种耦合威胁逐渐成为国际社会的共识。联合国环境与发展大会《21 世纪议程》[9]、《兵库行动框架》[10]、《约翰内斯堡可持续发展宣言》[11]、《2015—2030 年仙台减轻灾害风险框架》[12]等重要国际合作文件中均将多灾种耦合灾害事故作为重点关注对象，强调开展多灾种耦合预测预警与风险管理研究的重要性与必要性。

相较于独立的自然灾害与事故灾难，多灾种灾害事故间存在的复杂耦合关系导致多灾种耦合灾害事故往往更加难以预测、后果更加严重[13]。然而，人类社会对多灾种耦合灾害事故的定性认知与定量研究仍然缺失,这一矛盾给人类社会造成了潜在的安全隐患甚至是实际的伤亡与损失。2011年3月11日,发生于日本东北地区太平洋近海的9.0级大地震,造成了最高达40.1m的巨大海啸[14]。地震与海啸不仅直接导致了严重的人员伤亡与财产损失,还导致了山体滑坡等自然灾害,以及多起建筑火灾、工业火灾、有毒物质泄漏等事故灾难[15]。自然灾害还导致福岛第一核电站发生了严重的核泄漏事故,事故影响持续至今[16]。地震与后续灾害事故共造成18 430人罹难或失踪、6152人受伤,直接经济损失超3000亿美元[17]。作为一起典型的多灾种耦合灾害事故,东日本大地震给全世界敲响了警钟,让世界范围内的学者、专家与政策制定者充分认识到对多灾种耦合原理机制、防治策略、风险理论认知的不足。

我国对多灾种耦合灾害与事故的基础认知与理论研究仍处于起步阶段,未能为开展准确的风险评估并制定有效的应急预案提供充分的基础,导致对多灾种耦合风险的风险意识不强、认识准备不足、应急处置不当[17]。2021年7月,我国河南省郑州市连续遭遇暴雨袭击,全市累计平均降水量449mm。全省1478.6万人受灾,因灾死亡失踪398人,直接经济损失为1200.6亿元[17]。值得注意的是,暴雨洪涝灾害导致了城市基础设施被破坏、交通枢纽瘫痪等一系列事故,甚至引发了登封市一处铝合金工厂发生爆炸事故[17]。本次事故中,多灾种耦合链生效应对城市应急管理系统造成了破坏性的影响。仅关注独立灾害事故的后果与风险会存在局限性,是我国城市发展建设过程中的惨痛教训。

除了自然灾害之外,多灾种耦合也广泛存在于事故灾难中。火灾、爆炸、有毒物质泄漏是常见的工业事故灾难类型[18]。随着工业水平的发展,学术界与工业界对事故发生的可能性、后果、风险等安全管理理论研究已有成熟的体系与机制。然而,火灾、爆炸、有毒物质泄漏的多灾种耦合正在逐渐成为现代工业事故的主要特征。2019年3月21日,位于我国江苏省响水县的天嘉宜化工公司发生爆炸事故,造成78人死亡、76人重伤、640人住院治疗,直接经济损失为19.86亿元。事故由硝化废料自燃导致,火势扩大引发了爆炸。爆炸引发周边多处起火,还导致大量有毒物质泄漏[19]。相较于独立火爆毒事故,多灾种耦合事故的复杂耦合链生关系导致事故灾难的灾前预测预防、灾中应急响应、灾后事故调查变得困难重重。

根据对多灾种耦合灾害与事故实际案例的总结与有限的定性、定量研究结论,可将多灾种耦合灾害与事故的特征总结为以下三点:高严重性、不确定性、非线性[20]。多灾种耦合灾害事故往往在时间上、空间上存在并行、相邻的关系,灾害与事故间也存在相互触发、叠加、抵消等复杂关系。自然灾害间、事故灾难间及其相互之间的触发关系使多灾种耦合灾害事故往往以复合链生的形式发生。链式效应(chain effect)[21]的存在使多灾种耦合灾害与事故的后果由初始事件的独立影响放大为事件链上各灾害与事故的复合影响,导致多灾种耦合灾害事故后果的严重性远远大于独立灾害或事故；同时，灾害与事故间的相互触发关系是由复杂机制决定的随机过程，这使多灾种耦合灾害事故的链式效应存在高度的随机性，从而导致灾害与事故发展过程存在不确定性与不可预测性；除此之外，灾害与事故的并行关系导致多灾种间存在耦合效应（synergistic effect），即灾害、事故间的相互影响与相互作用，包括灾害事故危险性、致灾因子物理效应、承灾载体脆弱性等方面[22]。耦合效应的存在导致多灾种耦合灾害事故后果、频率、风险等指标因子间不再是简单的线性加和，而是受多灾种耦合效应影响的非线性关系。

将多灾种耦合灾害事故按照类型分类，可分为以下四类：Natech 事件、多米诺事故、自然灾害链以及并行灾害事故[23]。分别指代自然灾害引发事故灾难，事故灾难间的相互触发过程，自然灾害间的相互触发过程，以及多灾种灾害与事故同地、同时的发生过程[24-26]。前三类多灾种耦合类型关注灾害事故间的相互触发关系，而并行灾害事故的概念则更关注多灾种耦合效应机理与影响。现有针对多灾种耦合的研究大多以上述四个灾害事故类型为出发点，全面地或有针对性地提出多灾种耦合机理、链式效应与耦合效应影响等研究结论。虽然针对多灾种耦合灾害事故已有较为明确的研究思路，但已有研究仍存在一系列缺点与问题，如概念不明确、不统一，研究不深入、不系统等。本书旨在构建多灾种耦合研究的系统框架，以多灾种耦合灾害事故的不同类型为核心逻辑，重点关注多灾种耦合风险评估理论、模型与方法，展开介绍四类多灾种耦合灾害事故的现有研究进展、前沿研究成果以及未来研究展望。

1.1.2　研究目的与意义

我国正在经历世界最大规模的城市化进程，近 20 年来，我国城市面积扩大了3.6 倍[27]。可以预见的是，城市的持续扩张与灾害、事故潜在威胁间的矛盾将成为制约我国城市未来发展的重要因素。如何处置自然灾害、事故灾难及多灾种耦合对人类社会的潜在威胁将是学者、城市规划者、政策制定者面对的重要问题。

长久以来，风险（risk）作为衡量不确定性的重要指标，被广泛应用于各行各业。面对存在高度不确定性的多灾种耦合灾害事故威胁，风险评估是指导灾害事故预测预警、突发事件应急响应、城市运转隐患排查、城市与工业用地规划等各项工作开展的最常用且有效的方法之一。本书围绕多灾种耦合风险评估议题，旨在建立完整、系统的多灾种耦合风险评估研究框架，介绍 Natech 事件、多米诺事故、自然灾害链以及多灾种耦合效应的研究成果，并分析链式效应与耦合效应对多灾种耦合风险评估的影响。对本书的研究目的与研究意义详细分析如下。

1. 构建多灾种耦合风险评估研究框架

本书首要介绍风险评估定义与流程，以及多灾种耦合风险评估方法论，并以此为理论基础，构建了包含 Natech 事件、多米诺事故、自然灾害链、并行灾害事故风险评估的研究框架。研究框架的系统性构建可为后续围绕多灾种耦合风险评估的学术研究、政策与标准制定提供更清晰的思路，为建立多灾种耦合应急体系提供理论基础。

2. 提出不同类型多灾种耦合灾害事故风险评估思路与方法

针对 Natech 事件、多米诺事故、自然灾害链、并行灾害事故的不同特征，本书应用模糊集理论、蒙特卡罗模拟、共现分析、流体动力学数值模拟等一系列理论与方法，提出了不同类型多灾种耦合灾害事故风险评估思路与方法，为多灾种耦合风险评估研究框架的完善提供了方法基础，也为多灾种耦合灾害事故的实际防治与应急提供了技术支持与研究支撑。

3. 揭示链式效应、耦合效应对多灾种耦合风险评估的影响

基于对各类多灾种耦合灾害事故机理的研究以及对风险评估方法的研究，本书定量分析了链式效应、耦合效应这两类典型多灾种耦合特征对风险评估结果的影响。相应的研究成果不仅有开创性的学术价值，在多灾种耦合风险管理中也能发挥参考与指导的实际价值。

综上所述，无论是我国还是全世界，对安全的追求是人类社会的永恒话题。开展多灾种耦合风险评估理论、模型、方法的全面研究意义明确且重大。本书构建了多灾种耦合风险评估框架，并以多灾种耦合灾害事故类型为逻辑，分析了多灾种耦合机理，提出了有针对性的风险定性、半定量、定量评估方法，可为重大多灾种耦合灾害与事故的风险管理、预防预警、应急响应、消防救援提供理论依据和技术支撑，为城市扩张、用地规划、经济发展、社会稳定提供有效保障。

1.2　多灾种耦合概念辨析

1.2.1　多灾种耦合关系框架

经过多年来围绕多灾种耦合开展研究，人们普遍认识到，灾害与事故间存在着复杂的相互关系。因此，许多概念、术语和定义也被提出，试图把握各灾种间相互关系的本质特征。然而，针对多灾种耦合的精确定义很少，并且随着新名词的不断产生以及旧名词的再定义，不同的研究者提出的不同定义可能存在交叉、

重叠与矛盾。对同一个名词，不同的研究者给出了不同的解释，而对于同一种概念，可能有多个名词与之对应。目前对于灾害事故间的相互关系，仍然没有采用统一的概念方法，也没有普遍使用的一套术语来进行全面的概括。因此，首先要明确不同多灾种耦合情形的本质特征，确定不同的概念和定义的评价对象（如适用于灾害还是事故或者二者兼有），把握住灾害事故间关系的核心内容。

基于对多灾种（主要针对自然灾害和事故灾难）相关定义和概念的梳理，根据灾害事故之间不同的相互关系以区分不同的多灾种情形，将多灾种情形分为灾害事故相互增强、灾害事故互不影响、灾害事故互斥削弱三大类，其中，灾害事故相互增强分为：①跨类别灾害，即 Natech 事件和人为激发灾害；②灾害相互增强（复合灾害），即灾害链、并行灾害；③事故相互增强，即多米诺效应、并行事故。灾害事故互不影响包括灾害事故集和灾害事故偶发两种情况。同时，灾害或事故的并行发生也叫并行灾害事故，如图 1.1 所示。

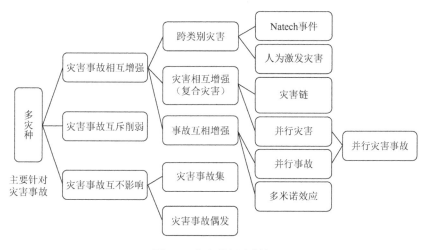

图 1.1　多灾种概念框架

灾害事故相互增强是多灾种耦合风险评估中重点关注的部分。因为灾种间相互关系的存在，多灾种的风险并不能作为单灾风险的简单线性加和。尤其是在灾害事故相互增强时，若无法准确地认识到其相互作用增强的具体原理机制，则会导致对实际灾害事故的风险及危险性的低估，进而无法提供准确的防灾减灾建议，可能导致灾难性的后果。对于灾害事故间的相互增强，一种是某一个或多个灾害事故过程引发了另一个或多个灾害事故过程，导致了受灾数量增多、受灾程度加深、受灾范围扩大；另一种是灾害事故的状态过程由于另一种或多种灾害事故的作用而发生改变，导致灾害事故的强度增大，后果更严重。灾害事故相互增强的情形可分为以下几类。

（1）Natech 事件。Natech 一词最早于 1994 年由 Showalter 和 Myers[28]提出，指代自然灾害事件引发的事故灾难（natural hazard events that trigger technological emergencies）。在实际情况中，地震、风暴、洪水、雷电等自然灾害较容易引起 Natech 事件。同时，纵观国内外的研究，容易发现化工园区是 Natech 事件的易发区域，其关键工艺设备易受自然灾害的影响。风暴、地震、洪水等自然灾害通过外力冲击导致化工园区中相关结构遭到破坏，造成存有易燃、易爆、有毒物质的储罐泄漏，这是 Natech 事件的主要演化模式。

（2）人为激发灾害（man-induced disaster）。人为活动（包括事故灾难）也有可能激发自然灾害，可把这类多灾种耦合情形定义为人为激发灾害。由于以上两类多灾种耦合情景为事故灾难和自然灾害间互相引发，因此可将 Natech 事件和人为激发灾害均归类为跨类别灾害。

（3）自然灾害链（disaster chain, cascading disasters）。自然灾害链描述的是自然灾害之间的链式关系，即一种或多种灾害（父灾害）发生导致其他灾害（子灾害）发生，其概念多见于国内学者的研究当中。1987 年，郭增建和秦保燕[29]将"一系列灾害相继发生的现象"定义为"灾链"，并进一步将其细分为因果链、同源链、互斥链和偶排链，这也是国内首次提出"灾害链"的概念。此后，国内学者针对自然灾害链的多灾种耦合情形展开了一系列研究，并提出了自己对灾害链的具体定义，但都围绕着"导致发生"这一核心内容。国外研究者也提出了级联（cascading）、连锁（knock-on）、触发（triggering）等[26, 30]类似的概念，但描述的也都是灾害之间的相互引发关系。

（4）多米诺效应（domino effect）。多米诺效应可以认为是在事故灾难中，当初始事故发生后，事故的扩散导致一个或多个相邻设备发生事故，导致总事故比最初事故更严重的现象[31]。多米诺效应概念的研究有很多，但总的来说，其核心为"初始事故—传播途径—目标设备或单元"，其本质上是一种"事故链"。在工业生产中，多米诺事故通常为火灾、爆炸和有毒物质泄漏的链式关系，其中火灾热辐射、爆炸碎片、爆炸冲击波是导致事故传播的三个主要因素。一般来说，有毒物质泄漏并不会进一步引起"火爆毒"事故，因此其通常作为多米诺效应的末端次生事故。在部分外文文献中，也有将多米诺效应用于其他事件链的用法[31, 32]，但考虑到研究者的习惯认知，还是认为多米诺效应描述的是事故灾难之间的关系。

（5）并行灾害事故（concurrent disasters or accidents）。成因上并无关联的灾害或事故同时发生时，由于其互相作用，造成超出各自单独作用时的严重后果，可将其称为并行灾害事故。并行灾害事故中的"相互作用"可以分为两个方面来理解：一是不同的灾害事故间的物理过程相互影响，导致了各自的强度增加或总体影响的加大；二是承灾载体的脆弱性由于某种灾害事故发生了改变，那么再次发生的另一种灾害事故作用于更加脆弱的承灾载体上，自然会导致更加严重的后果。并行灾害和灾害链合称为复合灾害（compound disaster）。

灾害事故互不影响是指灾害事故间相互独立，其相互关系基本可以忽略。考虑到多灾种耦合应该基于特定的空间区域，且若灾害事故发生的时间间隔较远，则可作为单灾分析，因此只有当互不影响的灾害事故具有空间和时间上相近发生的特质时，才作为多灾种情形中的"灾害事故互不影响"一类。

（1）灾害事故集（disaster or accident set）：指灾害事故间相互独立，相互关系可以忽略，但是自然灾害受一定的孕灾环境和地理要素的影响，事故灾难受相同的管理或生产上的隐患和疏漏影响，在时间、空间上群聚群发的现象，具体可分为灾害集（disaster set）和事故集（accident set）。因为其具有相同或相关的成因，所以可视为一个"集合"。

（2）灾害事故偶发（coinciding disasters or accidents）：灾害事故间相互独立，在成因上也不相关，只是因为偶然在相近的时间和空间内发生，这种多灾种情形称为灾害事故偶发。灾害事故偶发时，各灾种间无明显的相关或相同成因，只是出于巧合而共同发生。

灾害事故互斥削弱是指一个灾害事故发生后，另一个灾害事故不再发生或者强度被削弱。因此，灾害事故互斥削弱可以降低风险。然而，如果认为多灾种耦合情形总是增加风险，那么它们的影响往往会被高估。针对这种更保守的估计（即高估灾害事故的影响）所设置的更高水平的应急准备肯定更能满足安全需求。因此在多灾种耦合风险评估中，灾害事故互斥削弱往往不是重点关注的问题。

1.2.2　多灾种耦合灾害与事故案例

1. Natech 事件

2005 年 8 月 29 日，"卡特里娜"飓风以 233km/h 的速度，在墨西哥湾新奥尔良海岸登陆，海塘大堤溃决。事故造成墨菲公司的炼油厂发生泄漏，储罐结构破坏和移位，约有 25 110 桶原油发生泄漏，污染范围超过 2.6km² 的土地，约 1700 个邻近的居民家庭受到影响，周边的运河也受到原油的污染[33]。这是一起典型的 Natech 事件。

2. 人为激发灾害

人为激发灾害的典型例子为诱发地震。瑞士巴塞尔在地下不透水的基岩中注入高压水，以开发城市地下的强化地热系统，在 2006 年和 2007 年诱发了四次 3 级地震[34]。但需要注意的是，自然灾害往往伴随着巨大能量的释放或大范围的自然状态的改变,与之相比,一般事故灾难的能量较小、范围较窄。因此,一次事故灾难往往不能直接迅速地导致自然灾害的发生,或只能导致较小的自然灾害。因此,需要长时间的人为活动或者多次事故灾难的积累才能激发自然灾害,如人类工程活动导致的滑坡、崩塌等地质灾害,工业排放改变了大气状态进而导致气象灾害等。

人为激发灾害是人类活动导致的生态环境失衡引起的,这种失衡往往在一定的时间尺度上才能显现出来。

3. 自然灾害链

2008 年 5 月 12 日,汶川地震导致山体滑坡和崩塌,形成大量松散的泥沙和石块,遇上强降雨,则造成泥石流灾害;滑坡、山崩、泥石流带来的大量碎块堵截河流,导致河流储水形成堰塞湖;若再遇到强降雨导致储水量进一步加大,则会导致溃坝。整个过程是典型的复杂自然灾害链。

4. 多米诺效应

2015 年 8 月 12 日晚,天津市滨海新区一集装箱内的硝化棉湿润剂散失导致自燃,造成火焰蔓延至邻近的硝酸铵集装箱并发生爆炸,爆炸进一步导致装有氧化剂和易燃物的其他集装箱爆炸破碎,并发生有毒物质泄漏[35]。事故现场形成了严重的多米诺效应。

5. 并行灾害事故

Kelly[36]对塔吉克斯坦发生的并行灾害进行了分析。2007～2008 年冬天,异常寒冷的天气伴随着强降雪,破坏了储藏的食物和地面的种子,导致牲畜死亡,造成粮食危机。同时,开春后,塔吉克斯坦又遭遇了严重的干旱,导致灌溉、工业生产和日常生活用水急剧减少,粮食供应出现严重的问题,社会动荡不安。冬季的严寒和暴雪,加上春季的极端干旱,不断地打击塔吉克斯坦的社会系统,特别是粮食生产和供应系统,造成了十分严重的后果。

6. 灾害事故互不影响

灾害事故互不影响分为灾害事故集和灾害事故偶发两种情形。灾害事故集的典型例子是地震(火山)带,在某一特定区域会经常发生多个地震、火山灾害。而灾害事故偶发可以看作每个灾害事故独立地、在相近时间内发生。

7. 灾害事故互斥削弱

郭增建等[37]分析了 1969 年鄂皖暴雨与渤海湾 7.4 级地震之间的关系。渤海湾地震前的几天,震中区的外围就已经释放出携热水汽以及温室气体,导致在华北形成低压湿热状态。此时,北边缘在长江流域附近的西太平洋副热带高压随之向华北方向移动,因此就不会在鄂皖地带继续降下暴雨,这是灾害之间的互斥现象。

1.3 国内外研究现状

在 1.2 节中,灾害事故之间的关系分为三大类。灾害事故互不影响意味着它们之间相互独立,并且可以忽略它们之间的关系。没有相互影响的灾害事故的风险评估接近于传统的多灾种线性分析,即同时考虑多个灾害事故的风险。这种多灾种风险评估可被视为多个灾害事故的"叠加",而较少考虑它们之间的关系。因此,灾害事故互不影响情形不是多灾种耦合风险评估关注的主要问题。同时,灾害事故互斥削弱会导致多灾种情形的风险降低。然而,多灾种耦合风险评估中,主要考虑多灾种耦合导致的风险升级,因此,在本书的多灾种耦合风险中,同样不将灾害事故互斥削弱作为主要的关注点。本节分别概述灾害事故互相耦合增强中的多灾种链式效应与多灾种耦合效应的国内外研究现状。

1.3.1 多灾种链式效应研究

1. Natech 事件研究

Natech 事件指自然灾害引发的技术灾难,随着人类社会工业化进程的加快,Natech 事件的出现越来越频繁,对人们的生命财产安全和生态环境都会带来极大的威胁。美国联邦紧急事务管理局的调查显示,在 1980~1989 年,Natech 事件比人们估计的还要普遍。1994 年的世界减灾大会决议中指出[38],减灾的概念应该扩大范围,包括自然灾害和其他灾害,例如,环境和技术灾难及它们之间的关系。而且应该对 Natech 事件进行分类[39],例如,危化品和放射性物质会将应急响应和灾后恢复变得更加难以处理,其对人类和生态环境的伤害也大大超出了人们的预期。Natech 事件的研究主要分为以下一些内容。

1)Natech 事件案例分析和统计分析

自然灾害和事故灾难多种多样,Natech 事件涉及的研究范围也十分广阔。雨雪冰冻灾害造成输电线路覆冰,导致大范围的停电;地震导致工厂结构破坏、危化品泄漏,引发火灾和爆炸;洪水导致储罐泄漏、释放有毒物质。因此,对Natech 事件进行统计分析和案例调研,对于掌握 Natech 事件的规律、针对性地做出防护措施具有重要的意义。Steinberg 和 Cruz[40]、Girgin[41]分析了土耳其科贾埃利地震中的 Natech 事件,发现政府应对 Natech 事件的风险管理手段严重不足。

Cruz 和 Krausmann[42]分析了卡特里娜和丽塔飓风造成的近海石油和天然气泄漏，给出了对防灾规划的建议。Young 等[43]总结了地震、洪水、飓风、干旱、森林火灾、火山喷发、滑坡等灾害直接或间接引发的危险物质泄漏事故，以及环境污染及其对人类健康的威胁。Cozzani 等[44]、Krausmann 和 Mushtaq[45]对工业事故数据库中由洪水引发的事故展开分析，根据专家判断划分了三个等级以描述其破坏程度，并指出应在建设、运行阶段考虑自然灾害对设备影响的可能性。Renni 等[46]根据事故分析、研究和信息数据库、重大事故危险数据服务数据库等欧洲几个主要工业数据库的数据，重点对雷电事故进行了分类统计。Krausmann 等[47]分析了欧洲工业数据库故障和事故的技术信息系统等数据库中的 Natech 事件，给出了针对不同事故的改进措施，并通过对历史案例的总结，为辨识 Natech 事件提供了参考。Petrova[48]对俄罗斯 1992～2008 年间的 Natech 事件进行了分析和归类，发现大部分 Natech 事件与水文气象等自然灾害有关。

2）Natech 事件在不同国家和地区的现状调研

Cruz 等[49, 50]重点对美国、日本和欧洲部分国家的工业设施应对自然灾害的设计标准和管理措施进行了调研，发现对于工厂等建筑物有抵抗灾害的规范，但化工设备等非结构化的单元却没有；也没有对自然灾害发生后这些设备的应急响应措施。Steinberg 等[51]、Cruz 等[52]、Vallee[53]和 Ozunu 等[54]在联合国减灾署和欧盟联合研究中心的支持下，对美国、保加利亚、法国、德国、意大利、葡萄牙和瑞典的 Natech 管理现状进行了调研，从防范措施、设计标准、土地规划使用、灾后恢复等方面讨论了现阶段的不足之处，给出了未来针对 Natech 事件的特点进行改进管理的建议。

3）Natech 事件风险度量方法和实例研究

Natech 事件导致的风险涉及自然灾害和事故灾难，范围很广，其风险度量方法也十分复杂。Campedel 等[55]、Antonioni 等[56, 57]不断发展了工艺设备的脆弱性曲线和概率模型，通过基于地理信息系统（geographic information system，GIS）的 ARIPAR 软件实现了灾害后果的耦合分析。他们还对关键目标设备在外部事件影响下的结构破坏进行了分析[58, 59]，Cruz 等[60]对飓风影响下的炼油厂可能受到的风险进行了计算，以西西里岛的实例验证了模型。这些学者大都来自欧盟联合研究中心和意大利的博洛尼亚大学，开创性的研究方法使人们更深刻地认识了 Natech 事件。

其他的一些具有代表性的方法还有：Cruz 等[61, 62]采用概率和专家打分结合的方法，制订了指标体系，半定量地刻画区域内 Natech 事件的风险，以提供对土地规划的建议。Rota 等[63]和 Busini 等[64]利用指标因子和层次分析法，提出了对 Natech 事件的定性分析模型，以帮助管理者快速辨识区域内的 Natech 事件，并对灾害实例进行了检验。Salzano 等[65]和 Krausmann 等[66]讨论了采取应急行动的预警时间指标在 Natech 事件中的影响，以及不同灾害情况下的变量取值，并建立了 Natech 事件可能性大小和后果严重程度的风险值矩阵。

综上所述，目前对 Natech 事件的研究主要集中在化工行业。然而，城市生命线系统等关键基础设施也面临着 Natech 事件的威胁。因此，有必要建立一个更全面的 Natech 事件数据库。该数据库涵盖的范围超过化学工业，如其他城市工业系统，以便可以更好地识别所有可能的 Natech 事件的风险。此外，对 Natech 事件的研究有必要制定更通用的演化规则和风险分析方法。

2. 多米诺事故研究

自 1976 年多米诺事故的概念提出至今，其定义与机理研究的深入程度具有较强的时间相关性。下面将以时间跨度为线索，从起步、发展、成熟三个阶段介绍国内外学者围绕多米诺事故定义与机理的研究成果，旨在厘清多米诺事故研究的发展脉络。

1）起步阶段

相比于火爆毒单独事故的研究，针对多米诺事故的研究起步较晚，这与近年来工业集聚化发展趋势息息相关。多米诺事故研究起步阶段的时间跨度为 1976～2000 年，这一阶段的研究主要集中于多米诺事故概念的提出与定义的确定。多米诺事故的概念起源于西方发达国家对"多米诺效应"的认知，首次明确于 1976～1984 年英国健康与安全委员会（Health and Safety Commission，HSC）对化工业重大危险源控制的报告中[67, 68]。在此期间，1976 年发生于意大利塞韦索的化工厂爆炸事故与 1984 年发生于墨西哥城的液化石油气储运站爆炸事故促成工业界与学术界开始关注多米诺事故，也促成了《塞韦索指令》的发布[69]。1991 年，Bagster[70]首次系统性地开展了多米诺事故的研究。此后，一系列工业安全参考书籍与指导报告将多米诺事故纳入了安全管理的考虑范畴。美国化工过程安全中心发布的 *Guidelines for Chemical Process Quantitative Risk Analysis* 将多米诺事故作为重要章节之一，明确了多米诺事故研究在工业安全研究中的重要性[71]。荷兰应用科学研究组织（The Netherlands Organization for Applied Scientific Research，TNO）与防灾委员会联合出版了化工安全系列指导书籍[72-74]，在工业事故物理效应、后果、概率、风险评估等各分析环节考虑了多米诺事故的影响。Lees[75]在其著作 *Loss Prevention in the Process Industries* 中也强调了多米诺事故研究对工业安全的重要性。上述研究成果构成了多米诺事故定义与机理研究的基础，促成了 2000 年后多米诺事故研究成果的涌现。

2）发展阶段

2000～2010 年是多米诺事故研究的快速发展阶段，这一阶段的研究重心逐渐从概念提出向机理分析深入。Khan 和 Abbasi 在 2000 年前后对多米诺事故的研究具有里程碑意义，二人在危害与可操作性（hazard and operability，HAZOP）分析方法的基础上提出了多米诺事故的分析方法[76]。以此为基础，Khan 和 Abbasi [77, 78]在多米诺事故发生概率与潜在后果等领域开展了研究，开拓了研究领域并明确了研究思路。Cozzani 和 Salzano [79, 80]的研究成果成为多米诺事故机理研究中的又一里程碑，其提出的多米诺事故概率分析阈值理论成为后续多米诺事故后果与风险评估研究的理论基础[81, 82]。随着对多米诺事故机理研究的深入，学者所建立的事故模型与应用的研究方法更加精细、准确。Landucci 等[83, 84]对由火灾引发的多米诺事故中储罐的破坏概率进行了建模研究，量化了化工装置在热辐射环境下的脆弱性。Khakzad 等[85, 86]应用事故树方法与贝叶斯网络方法开展了多米诺事故机理与安全管理分析，逐步推动了多米诺事故研究从定义与机理研究向风险评估研究的转变。Reniers 等[87]构建了名为 Hazwim 的多米诺事故研究框架，耦合应用HAZOP 分析、假设分析（what-if）、风险矩阵方法开展多米诺事故研究。在其后续的研究中，工业园区中的多米诺事故机理成为研究重点，围绕大型工业园区中经济效益与多米诺事故风险之间的矛盾开展了研究[88-90]。

相较于西方发达国家，我国工业集聚化发展趋势形成较晚，对多米诺事故研究起步也相应较晚。随着我国大力推进工业集中区与工业园区的建设，多米诺事故成为近年来我国工业安全研究学者的热点议题。2008 年，国务院安全生产委员会要求新的化工建设项目必须进入产业集中区或化工园区[91]，我国学者对多米诺事故的研究也始于该时间节点。中国石油大学的赵东风等[92]与王金伟等[93]率先在石油化工领域开展了多米诺事故研究。华南理工大学的张新梅和陈国华[94]与周成[95]关注化工储罐区爆炸事故的多米诺效应，开展了一系列研究。2010 年后，我国学者围绕多米诺事故的研究成果开始走上快车道。

　　3）成熟阶段

近十年来，多米诺事故研究进入了成熟阶段，学者围绕多米诺事故机理研究的关注点越发细化、深入。这一阶段的多米诺事故研究采用了更新颖的研究方法，所应用的事故场景也更加具体且有针对性。Chen 等[96]应用时空动态分析对由火灾引发的多米诺事故的发展过程进行了建模分析，并关注人为因素引发的多米诺事故的发展机理以及防治方法[97, 98]。Khakzad 等[99, 100]应用动态贝叶斯网络方法开展了由自然火灾蔓延所引发的多米诺事故发展过程模拟与机理研究。Zhou 和 Reniers [101, 102]应用佩特里网方法分别建模并分析了由火灾与爆炸引发的多米诺事故的发展过程。多米诺事故中储罐的脆弱性也作为研究热点受到了学者的广泛关注[103-105]。

在这一阶段，我国学者也为多米诺事故研究做出了贡献。陈国华等[106]开展了多米诺事故历史数据分析与研究评述，并围绕爆炸碎片引发的多米诺事故开展了研究综述与未来展望[107]。贾梅生等[108]围绕工业园区中多米诺事故的发展概率、致损概率研究开展了整理与综述，指出化工设备致损概率的计算方法是后续多米诺事故研究的重点。蒋代等[109, 110]关注工业园区在多米诺事故中的脆弱性评估，结合复杂网络模型和逼近理想排序法，构建了储罐脆弱性分级评估模型。

综上所述，国内外学者对多米诺事故定义与机理的研究经历了起步、发展与成熟阶段，相应研究成果在发展的过程中逐步优化、细化、针对化。对于多米诺事故的概念，不同学者在各个研究阶段均提出了不尽相同的定义，但其核心定义大同小异。较受学者认同的多米诺事故定义由 Cozzani 与 Reniers[111]提出："事故间的连锁反应，导致事故的扩展及传播，更大范围的区域受到事故影响。"虽然多米诺事故发展机理在研究的发展过程中细化、深化，然而其核心机理是较为确定的。多米诺事故包含三个核心因素：①初始事故及其物理效应，如高温热辐射、爆炸产生的冲击波与碎片等；②初始事故造成事故升级及传播，导致至少一个设备失效并发生次生事故；③由于多级事故的发生，多米诺事故的严重性相较于初始事故增加[112]。综合以上文献综述，可将多米诺事故定义与机理总结为：由初始事故释放的能量、物质等作为事故扩展升级因子，导致其他设备失效并引发次生事故，从而形成多级事故链的事故场景。

3. 自然灾害链研究

灾害链是一种复杂的多灾种耦合情形。国外方面，灾害链的提法较为少见，多是结合各个国家和地区的实际情况针对某一具体灾害进行分析。Menoni[113]在对日本神户地震进行分析时指出，神户地震中出现的直接或间接灾害可以用灾害破坏失效链的概念去替换，而不是简单的灾害耦合关系，这是最早见于国外文献中近似于灾害链的提法。其他对于灾害链的研究都以某一灾害类别为切入点，例如，Kääb 等[114]从数字地形模型和航天飞机雷达地形测绘的角度着手，探究了地质灾害的链式效应和互动过程。Apel 等[115]对洪水灾害链进行了分析，提出了基于蒙特卡罗模拟建立的概率风险评估方法。

追溯国内灾害链研究的历史，它最早出现在 20 世纪 80 年代，李永善[116]在研究灾害及灾害系之间的联系时，最早将天文灾害、地球灾害和生物灾害确定为一种有相互作用的灾害链。同一时期灾害链被纳入灾害物理学的一部分[117]，初步按形式将其分为四类：因果链、同源链、互斥链和偶排链。进入 20 世纪 90 年代后，灾害链中的大气灾害链（气象灾害）由于与人类的关系最密切，人员伤亡和经济损失最严重，因而最先得到了学者的关注。对于灾害链的形状也有了初步的勾勒，包括鞭状、树枝状、环状、多链[118]。灾害链的划分方法也出现了以灾害过程为主导的新角度，例如，史培军[119]将灾害链划分为串发性灾害链与并发性灾害链，陈兴民[120]则将其类别总结为灾害蕴生链、灾害发生链、灾害冲击链等。

进入 21 世纪后，史培军[121]提出了 4 种在现实生活中经常见到的灾害链：台风-暴雨灾害链、干旱灾害链、寒潮灾害链和地震灾害链。系统理论和数学方法开始被用于进一步揭示灾害链的内涵和规律，产生了自然灾害的链式关系结构模型[122]。从灾害外部环境和系统状态的角度，人们试图以断链减灾的方式[123]来降低灾害链带来的风险。也有学者从不同的角度按照性状提出了新的划分方法[124]：崩裂滑移链、支干流域链、周期循环链、蔓延侵蚀链、树枝叶脉链、波动袭击链、冲淤沉积链、放射杀伤链。陆续有学者针对某一具体的灾害链开展了更加深入的研究，不再局限于宏观地对灾害链进行共性的探讨，如地貌灾害链、矿山地质灾害链、地震堰塞湖灾害链、强降雨滑坡灾害链、暴雪冰冻灾害链等[125-129]。

近年来，对于灾害链演化过程的认识也渐渐清晰，区域的动力学环境、介质结构等被认为是灾害链发生的必要条件[130]。在灾害科学体系中，区分了"灾害链"和"多灾种叠加"的不同[131]。在研究方法上，复杂网络的相关理论被引入，荣莉莉等[132]构建了突发事件连锁反应网络模型，描述了事件链的网络特性。

灾害链的研究对人们理解灾害形成过程、开展对灾害系统的风险评估、加强区域抗风险的能力有着重要的意义。国内外现有的研究主要是以从历史案例中总结重大、典型灾害链的探讨和分析为主，定量的研究不多见。对于自然灾害内部的链式效应研究较多，跨灾种的研究有待进一步拓展，以形成完整的灾害链研究体系。

1.3.2　多灾种耦合效应研究

耦合效应指由于灾害或事故间存在相互作用而导致灾害事故后果发生变化的现象[18]。耦合效应广泛存在于多灾种耦合灾害或事故之中，包括多米诺事故、Natech事件、自然灾害链等[23]。多起同类型或不同类型的灾害与事故在空间上、时间上共同发生是多灾种耦合常见的情景。由于多灾种耦合灾害事故之间的相互作用可影响灾害与事故的后果，耦合效应的存在往往会使多灾种耦合风险难以预测[133]。多灾种耦合效应存在复杂性、非线性、不确定性的特征，给相应研究的开展带来了极大的困难[134]。即便如此，近年来学者仍然在多灾种耦合效应的研究上投入了相当大的精力，旨在通过量化耦合效应，实现多灾种耦合灾害事故风险评估精度的提升[20]。然而，相较于各类多灾种耦合灾害与事故的定义、机理以及风险评估方法的研究，学者对耦合效应的研究仍处于起步阶段，所应用的研究方法相对初步，相应的研究成果也相对较少。

现有围绕多灾种耦合效应的研究多数关注相关概念的提出与定义的厘清。关于耦合效应的分类，Wang等[13]提出可将耦合效应分为事故间互相增强、互斥削弱、互不影响三类；英国合作研究团队基于对事故间相互作用的深入研究，将耦合效应分为增加/降低发生概率、空间/时间共同发生、加剧/削弱三类[135]；对于多灾种耦合效应的分类，也可借鉴欧洲食品安全局（European Food Safety Authority，EFSA）对化学物质对人体的同时作用影响的分类方式：线性加和、互相放大、互相削弱[136]。学者对耦合效应的机制、原理、影响知之甚少，提出的耦合效应分类方式也不甚明确。然而，不同分类方式的核心思路是一致的，即灾害与事故间存在相互作用，且会对后果与风险造成影响。

现有研究对耦合效应概念定义的厘清面临着和分类方式相同的困难与挑战。由于耦合效应的复杂性与不确定性，学者围绕其开展的研究较为初步且分散，难以形成系统性、连贯性的研究成果。这一问题在学者用于描述事故间相互作用的术语的差异上得到了明确体现。表 1.1 展示了学者在描述事故间相互作用时所应用的术语以及对应的概念定义。表 1.1 不仅展示了学者围绕多灾种耦合效应开展的研究，同时也选取了其他领域类似概念的研究成果作为借鉴，如食品安全[136]。表 1.1 说明，虽然在多灾种耦合事故中存在耦合效应是学者的共识，但围绕耦合效应开展的研究仍较为初步且缺乏系统性。

表 1.1　描述灾害事故间相互作用的术语及其定义

术语	机构或学者	定义
Combined effect	EFSA[136]	因暴露于多种危害而导致的累积风险
Synergic effect	Omidvar 和 Kivi[137]；Tarvainen 等[138]	一个事故会对其他事故产生影响
Cumulative effect	Stelzenmüller 等[139]；Stelzenmüller 等[140]	人类活动和自然过程对环境的综合影响
Coinciding hazards	European Commission[141]	不同负面影响同时作用或接连作用于对象上的累积影响
Coupling effect	He 和 Weng[20]；Kappes 等[142]	事故间相互影响，导致加剧或减轻事故后果
Synergistic effect	Ding 等[143]；Zhou 和 Reniers[144]	初始事故与次生事故同时发生的协同作用，引发更多次级事故
Compound hazards	Alexander 和 Fairbridge[145]	多超阈值的损坏因素的同时作用
Joint effect	Berrington de González 和 Cox[146]；Kim 等[147]	双风险因素叠加的加法与乘法效应
Superimposed effect	Chen 等[96]	事故影响与其他事故影响相叠加

相较于围绕事故灾难间耦合效应的研究，学者围绕自然灾害间的耦合效应进行了更丰富的研究。Gill 和 Malamud[135]明确了 21 类不同自然灾害间 90 种可能存

在的耦合效应。Lee 和 Rosowsky[148]与 Zuccaro 等[149]研究了地震与火山灰对建筑脆弱性影响的耦合效应；在有限的事故灾难间耦合效应的研究中，He 和 Weng[20]研究了多米诺事故中火爆毒物理效应之间存在的耦合效应；Landucci 等[150]与 Chen 等[96]研究了多米诺事故中各类事故影响应急响应能力的耦合效应；Ding 等[143]研究了事故危险性相互放大的耦合效应，并针对火灾、爆炸环境中的多致损因子耦合效应开展了研究[151, 152]。化工装置脆弱性同样被纳入多米诺事故耦合效应研究范畴，由学者 Khakzad 等[153]开展了相应的研究。我国学者冯显富等[154]与陈福真等[155]研究了化工事故中火灾、爆炸事故间的耦合效应。张苗和宋文华[156]开展了化工事故中多灾种多因素耦合效应情景分析。

综上所述，多灾种耦合灾害与事故的后果与风险会因为耦合效应的存在而受到影响是国内外学者的共识，在近年来也成为多灾种耦合研究的热点议题。然而，围绕多灾种耦合效应开展的研究成果仍然不够丰富、不成体系，相应研究仍有较大的发展空间。同时从文献综述中也可以总结出，多灾种耦合效应不局限存在于某类灾害或事故因素中，而是广泛存在于可能影响灾害事故后果、发生概率等特征的各个因素之中，对其开展的研究不仅应细化、深化，同时也要兼顾考虑其整体性、全面性。

1.4　本书内容安排

本书共分为 6 章，具体章节的内容安排如下。

第 1 章：绪论。介绍本书的研究背景与意义、多灾种耦合概念辨析以及国内外对多灾种耦合灾害事故的研究现状。

第 2 章：多灾种耦合风险评估研究框架。介绍多灾种耦合风险评估方法论、风险评估方法研究现状及前沿以及多灾种耦合风险评估研究面临的挑战与未来展望。

第 3 章：Natech 事件风险评估。构建 Natech 事件关联度分析模型，通过开展 Natech 事件演化规律与风险分析方法研究，提出地震、洪水、雷电引发的 Natech 事件风险评估方法。

第 4 章：多米诺事故风险评估。介绍多米诺事故风险分析模型与方法，并提出基于场景分析与蒙特卡罗模拟的多米诺事故风险定量评估方法，介绍方法在实例中的应用。

第 5 章：自然灾害链风险管理。从风险识别、风险分析两个方面介绍自然灾害链风险评估方法研究的前沿成果，并提出自然灾害链的风险管理模型。

第 6 章：多灾种耦合效应。开展火爆毒物理耦合效应的实验与模拟研究，并介绍其他多灾种耦合效应对风险评估结果可能的影响。

本章后续章节安排逻辑图如图 1.2 所示。

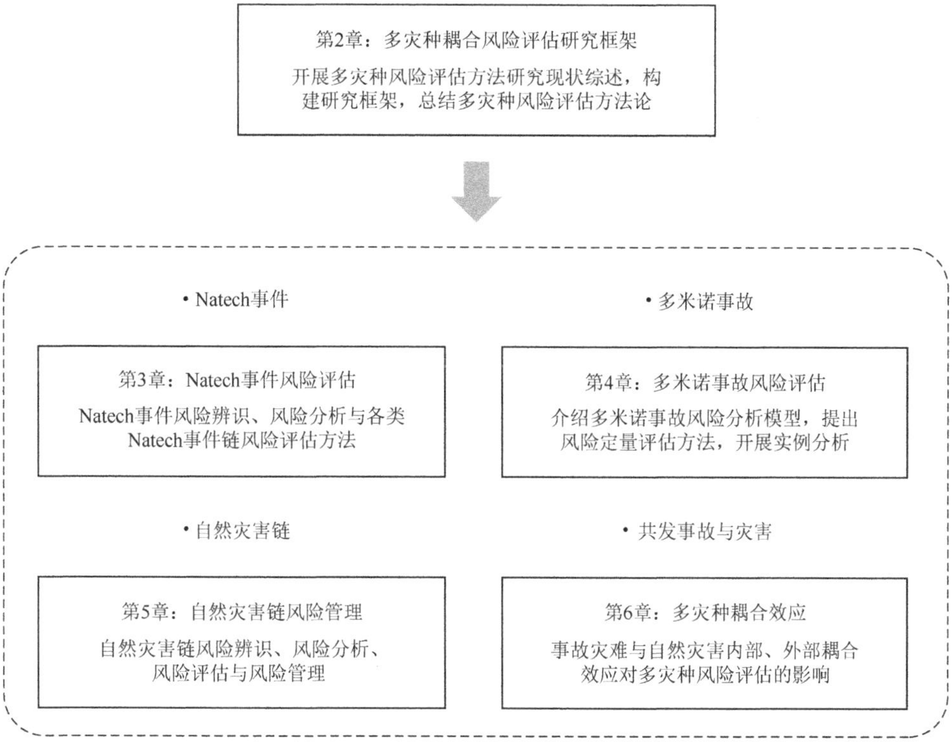

> 第2章：多灾种耦合风险评估研究框架
> 开展多灾种风险评估方法研究现状综述，构
> 建研究框架，总结多灾种风险评估方法论

- Natech事件

> 第3章：Natech事件风险评估
> Natech事件风险辨识、风险分析与各类
> Natech事件链风险评估方法

- 多米诺事故

> 第4章：多米诺事故风险评估
> 介绍多米诺事故风险分析模型，提出
> 风险定量评估方法，开展实例分析

- 自然灾害链

> 第5章：自然灾害链风险管理
> 自然灾害链风险辨识、风险分析、
> 风险评估与风险管理

- 共发事故与灾害

> 第6章：多灾种耦合效应
> 事故灾难与自然灾害内部、外部耦合
> 效应对多灾种风险评估的影响

图 1.2　本书的章节安排逻辑图

参 考 文 献

[1]　UN Habitat. World cities report 2022[R]. Nairobi：United Nations Human Settlements Programme，2022.

[2]　United Nations. Transforming our world：The 2030 agenda for sustainable development[R]. New York：United Nations General Assembly，2015.

[3]　中华人民共和国中央人民政府. 改革开放以来我国城镇化水平显著提高[EB/OL]. [2018-09-10]. http://www.gov.cn/xinwen/2018-09/10/content_5320844.htm.

[4]　国际货币基金组织. 在气候问题上，这是我们最后也是最好的机会[J]. 金融与发展，2021，9：6-9.

[5]　栗继祖，李红敏. 以马斯洛需求层次理论激励矿工安全行为[J]. 现代职业安全，2019（8）：90-92.

[6]　中华人民共和国中央人民政府. 国家突发公共事件总体应急预案[EB/OL]. [2005-08-07]. http://www.gov.cn/yjgl/2005-08/07/content_21048.htm.

[7]　He Z，Chen C，Weng W. Multi-hazard risk assessment in process industries：State-of-the-art[J]. Journal of Loss Prevention in the Process Industries，2022，76：104672.

[8]　United Nations Office for Disaster Risk Reduction. Proposed updated terminology on disaster risk reduction：A technical

review[EB/OL]. [2015-08-20]. https://www.preventionweb.net/files/45462_backgound-paperonterminologyaugust20.pdf.

[9] United Nations. Agenda 21[EB/OL]. [2002-09-05]. https://sustainabledevelopment.un.org/outcomedocuments/agenda21.

[10] United Nations Office for Disaster Risk Reduction. Hyogo framework for action 2005-2015：Building the resilience of nations and communities to disasters[EB/OL]. [2005-01-22]. https://www.unisdr.org/2005/wcdr/intergover/official-doc/L-docs/Hyogo-framework-for-action-english.pdf.

[11] United Nations. Johannesburg declaration on sustainable development[EB/OL]. [2004-12-15]. https://www.un.org/esa/sustdev/documents/WSSD_POI_PD/English/POI_PD.htm.

[12] United Nations Office for Disaster Risk Reduction. Sendai framework for disaster risk reduction 2015–2030 [EB/OL]. [2015-06-03]. https://www.preventionweb.net/files/resolutions/N1516716.pdf.

[13] Wang J，He Z，Weng W. A review of the research into the relations between hazards in multi-hazard risk analysis[J]. Natural Hazards，2020，104（3）：2003-2026.

[14] Reconstruction Agency. Great east Japan earthquake[EB/OL]. [2022-01-01]. https://www.reconstruction.go.jp/english/topics/GEJE/index.html.

[15] 顾林生，杨大千. "3·11"东日本大地震灾害调查评估报告[J]. 中国减灾，2021（23）：34-39.

[16] 李娟，钮凤林. 3·11日本东北特大地震[J]. 城市与减灾，2011（5）：5-8.

[17] 国务院灾害调查组. 河南郑州"7·20"特大暴雨灾害调查报告[EB/OL]. [2022-01-21]. https://www.mem.gov.cn/ gk/sgcc/tbzdsgdcbg/202201/P020220121639049697767.pdf.

[18] He Z，Weng W. Synergic effects in the assessment of multi-hazard coupling disasters：Fires，explosions，and toxicant leaks[J]. Journal of Hazardous Materials，2020，388：121813.

[19] 国务院事故调查组. 江苏响水天嘉宜化工有限公司"3·21"特别重大爆炸事故调查报告[EB/OL]. [2019-11-01]. https://www.mem.gov.cn/gk/sgcc/tbzdsgdcbg/2019tbzdsgcc/201911/P020191115565111829069.pdf.

[20] He Z，Weng W. A risk assessment method for multi‐hazard coupling disasters[J]. Risk Analysis，2021，41（8）：1362-1375.

[21] Shi P，Lu L，Wang J，et al. Disaster system：Disaster cluster，disaster chain and disaster compound[J]. Natural Disasters，2014，23（6）：1-12.

[22] 贺治超. 化工多米诺事故风险定量评估模型与方法研究[D]. 北京：清华大学，2022.

[23] 汪嘉俊，翁文国. 多灾种概念辨析及灾害事故关系研究综述[J]. 中国安全生产科学技术，2019，15（11）：57-64.

[24] Ricci F，Moreno V C，Cozzani V. A comprehensive analysis of the occurrence of Natech events in the process industry[J]. Process Safety and Environmental Protection，2021，147：703-713.

[25] Reniers G，Dullaert W，Karel S. Domino effects within a chemical cluster：A game-theoretical modeling approach by using Nash-equilibrium[J]. Journal of Hazardous Materials，2009，167（1/2/3）：289-293.

[26] Cutter S L. Compound，cascading，or complex disasters：What's in a name？[J]. Environment：Science and Policy for Sustainable Development，2018，60（6）：16-25.

[27] Yu D，Fang C，Xue D，et al. Assessing urban public safety via indicator-based evaluating method：A systemic view of Shanghai[J]. Social Indicators Research，2014，117（1）：89-104.

[28] Showalter P S，Myers M F. Natural disasters in the United States as release agents of oil，chemicals，or radiological materials between 1980—1989：Analysis and recommendations[J]. Risk Analysis，1994，14（2）：169-182.

[29] 郭增建，秦保燕. 灾害物理学简论[J]. 灾害学，1987，2（2）：25-33.

[30] Odeh D J. Natural hazards vulnerability assessment for statewide mitigation planning in Rhode Island[J]. Natural Hazards Review，2002，3（4），177-187.

[31]　Nguyen H T，Wiatr T，Fernández-Steeger T M，et al. Landslide hazard and cascading effects following the extreme rainfall event on Madeira Island（February 2010）[J]. Natural Hazards，2013，65（1）：635-652.

[32]　Del Monaco G，Margottini C，Spizzichino D. ARMONIA methodology for multi-risk assessment and the harmonisation of different natural risk maps[R]. Rome:ARMONIA Project (Applied Multi-Risk Mapping of Natural Hazards for Impact Assessment)，2006.

[33]　U.S.Environmental Protection Agency. Response to 2005 Hurricanes[EB/OL]. [2008-03-25]. http://www.epa gov/katrina/testresults/murphy.

[34]　Ellsworth W L. Injection-induced earthquakes[J]. Science，2013，341（6142）：1225942.

[35]　佚名. 天津港"8·12"特别重大火灾爆炸事故调查报告公布[J]. 消防界（电子版），2016（2）：35-40.

[36]　Kelly C. Field note from Tajikistan Compound disaster-A new humanitarian challenge？[J]. Jàmbá：Journal of Disaster Risk Studies，2009，2（3）：295-301.

[37]　郭增建，秦保燕，郭安宁. 灾害互斥链研究[J]. 灾害学，2006，21（3）：20-21.

[38]　El-Sabh M I. World conference on natural disaster reduction: A 'safer world for the 21st century'[J]. Natural Hazards，1994，9: 333-352.

[39]　Clerc A. The environment impacts of natural and technological (NA-TECH) disasters[C]//World Conference of Natural Disaster Reduction. Topical Session No. 6. UN. Environment Program（UNEP），Yokohama，1994.

[40]　Steinberg L J，Cruz A M. When natural and technological disasters collide: Lessons from the Turkey earthquake of August 17，1999[J]. Natural Hazards Review，2004，5（3）：121-130.

[41]　Girgin S. The natech events during the 17 August 1999 Kocaeli earthquake: Aftermath and lessons learned[J]. Natural Hazards and Earth System Sciences，2011，11（4）：1129-1140.

[42]　Cruz A M，Krausmann E. Hazardous-materials releases from offshore oil and gas facilities and emergency response following Hurricanes Katrina and Rita[J]. Journal of Loss Prevention in the Process Industries，2009，22（1）：59-65.

[43]　Young S，Balluz L，Malilay J. Natural and technologic hazardous material releases during and after natural disasters：A review[J]. Science of the Total Environment，2004，322（1/2/3）：3-20.

[44]　Cozzani V，Campedel M，Renni E，et al. Industrial accidents triggered by flood events: Analysis of past accidents[J]. Journal of Hazardous Materials，2010，175（1/2/3）：501-509.

[45]　Krausmann E，Mushtaq F. A qualitative Natech damage scale for the impact of floods on selected industrial facilities[J]. Natural Hazards，2008，46（2）：179-197.

[46]　Renni E，Krausmann E，Cozzani V. Industrial accidents triggered by lightning[J]. Journal of Hazardous Materials，2010，184（1/2/3）：42-48.

[47]　Krausmann E，Renni E，Campedel M，et al. Industrial accidents triggered by earthquakes，floods and lightning: Lessons learned from a database analysis[J]. Natural Hazards，2011，59（1）：285-300.

[48]　Petrova E. Natech events in the Russian Federation[C]//New Perspectives on Risk Analysis and Crisis Response.Proceedings of the Second International Conference on Risk Analysis and Crisis Response. Paris：Atlantis Press，2009：46-52.

[49]　Cruz A M，Okada N. Consideration of natural hazards in the design and risk management of industrial facilities[J]. Natural Hazards，2008，44（2）：213-227.

[50]　Cruz A M，Steinberg L J，Vetere-Arellano A L. Emerging issues for natech disaster risk management in Europe[J]. Journal of Risk Research，2006，9（5）：483-501.

[51]　Steinberg L J，Sengul H，Cruz A M. Natech risk and management：An assessment of the state of the art[J]. Natural

Hazards，2008，46（2）：143-152.

[52]　Cruz A M，Steinberg L J，Vetere Arellano A L，et al. State of the art in Natech risk management[R]. Ispra：European Commission Joint Research Centre，2004.

[53]　Vallee A. Natech disasters risk management in France[EB/OL]. [2011-09-15]. http://hal-ineris.ccsd.cnrs.fr/docs/ 00/16/02/98/PDF/vallee-2004-225.pdf.

[54]　Ozunu A，Senzaconi F，Botezan C，et al. Investigations on natural hazards which trigger technological disasters in Romania[J]. Natural Hazards and Earth System Sciences，2011，11（5）：1319-1325.

[55]　Campedel M，Cozzani V，Garcia-Agreda A，et al. Extending the quantitative assessment of industrial risks to earthquake effects[J]. Risk Analysis，2008，28（5）：1231-1246.

[56]　Antonioni G，Spadoni G，Cozzani V. A methodology for the quantitative risk assessment of major accidents triggered by seismic events[J]. Journal of Hazardous Materials，2007，147（1/2）：48-59.

[57]　Antonioni G，Bonvicini S，Spadoni G，et al. Development of a framework for the risk assessment of Na-Tech accidental events[J]. Reliability Engineering & System Safety，2009，94（9）：1442-1450.

[58]　Renni E，Krausmann E，Antonioni G，et al. Risk assessment of major accidents triggered by lightning events[J]. Associazione Italiana Di Ingegneria Chimica (AIDIC)，2009，9：233-242.

[59]　Renni E，Antonioni G，Bonvicini S，et al. A novel framework for the quantitative assessment of risk due to major accidents triggered by lightnings[J]. Chemical Engineering Transactions，2009，17：311-316.

[60]　Cruz A M，Krausmann E，Franchello G. Analysis of tsunami impact scenarios at an oil refinery[J]. Natural Hazards，2011，58（1）：141-162.

[61]　Cruz A M，Okada N. Methodology for preliminary assessment of Natech risk in urban areas[J]. Natural Hazards，2008，46（2）：199-220.

[62]　Galderisi A，Ceudech A，Pistucci M. A method for na-tech risk assessment as supporting tool for land use planning mitigation strategies[J]. Natural Hazards，2008，46（2）：221-241.

[63]　Rota R，Caragliano S，Manca D，et al. A short cut methodology for flood technological risk assessment[J]. Chemical Engineering Transactions，2008，13：53-60.

[64]　Busini V，Marzo E，Callioni A，et al. Definition of a short-cut methodology for assessing earthquake-related Na-Tech risk[J]. Journal of Hazardous Materials，2011，192（1）：329-339.

[65]　Salzano E，Agreda A G，Carluccio A D，et al. Risk assessment and early warning systems for industrial facilities in seismic zones[J]. Reliability Engineering and System Safety，2009，94（10）：1577-1584.

[66]　Krausmann E，Cozzani V，Salzano E，et al. Industrial accidents triggered by natural hazards：An emerging risk issue[J]. Natural Hazards and Earth System Sciences，2011，11（3）：921-929.

[67]　Health and Safety Commission. The control of major hazards-first report[R].London：Healthy and Safety Commission，1976.

[68]　Health and Safety Commission. The control of major hazards-third report[R].London：Healthy and Safety Commission，1984.

[69]　European Union. Council Directive 82/501/EEC of 24 June 1982 on the major-accident hazards of certain industrial activities[EB/OL]. [1982-06-24]. https://eur-lex.europa.eu/legal-content/EN/TXT/?uri = CELEX%3A31982L0501.

[70]　Bagster D F. Estimation of domino incident frequencies-an approach[J]. Process Safety and Environmental Protection，1991，69：195-199.

[71]　Centre for Chemical Process Safety. Guidelines for Chemical Process Quantitative Risk Analysis[M]. New York：American Institute of Chemical Engineers，1989.

[72]　The Netherlands Organization for Applied Scientific Research. Methods for the Calculation of Physical Effects，CPR 14E[M]. The Hague：Committee for the Prevention of Disasters，1997.

[73]　The Netherlands Organization for Applied Scientific Research. Methods for the Determination of Possible Damage，CPR 16E[M]. The Hague：Committee for the Prevention of Disasters，1992.

[74]　The Netherlands Organization for Applied Scientific Research. Guideline for Quantitative Risk Assessment，CPR 18E[M]. The Hague：Committee for the Prevention of Disasters，2005.

[75]　Lees F P. Loss Prevention in the Process Industries[M]. 2nd ed. Oxford：Butterworth-Heinemann，1996.

[76]　Khan F I，Abbasi S A. TOPHAZOP：A knowledge-based software tool for conducting HAZOP in a rapid，efficient yet inexpensive manner[J]. Journal of Loss Prevention in the Process Industries，1997，10（5/6）：333-343.

[77]　Khan F I，Abbasi S A. Studies on the probabilities and likely impacts of chains of accident（domino effect）in a fertilizer industry[J]. Process Safety Progress，2000，19（1）：40-56.

[78]　Khan F I，Abbasi S A. An assessment of the likelihood of occurrence，and the damage potential of domino effect（chain of accidents）in a typical cluster of industries[J]. Journal of Loss Prevention in the Process Industries，2001，14（4）：283-306.

[79]　Cozzani V，Salzano E. The quantitative assessment of domino effects caused by overpressure：Part Ⅰ. Probit models[J]. Journal of Hazardous Materials，2004，107（3）：67-80.

[80]　Cozzani V，Salzano E. The quantitative assessment of domino effect caused by overpressure：Part Ⅱ. Case studies[J]. Journal of Hazardous Materials，2004，107（3）：81-94.

[81]　Cozzani V，Salzano E. Threshold values for domino effects caused by blast wave interaction with process equipment[J]. Journal of Loss Prevention in the Process Industries，2004，17（6）：437-447.

[82]　Cozzani V，Gubinelli G，Antonioni G，et al. The assessment of risk caused by domino effect in quantitative area risk analysis[J]. Journal of Hazardous Materials，2005，127（1/2/3）：14-30.

[83]　Landucci G，Gubinelli G，Antonioni G，et al. The assessment of the damage probability of storage tanks in domino events triggered by fire[J]. Accident Analysis & Prevention，2009，41（6）：1206-1215.

[84]　Landucci G，Molag M，Cozzani V. Modeling the performance of coated LPG tanks engulfed in fires[J]. Journal of Hazardous Materials，2009，172（1）：447-456.

[85]　Khakzad N，Khan F，Amyotte P. Safety analysis in process facilities：Comparison of fault tree and Bayesian network approaches[J]. Reliability Engineering & System Safety，2011，96（8）：925-932.

[86]　Khakzad N，Khan F，Amyotte P，et al. Domino effect analysis using Bayesian networks[J]. Risk Analysis，2013，33（2）：292-306.

[87]　Reniers G L L，Dullaert W，Ale B J M，et al. Developing an external domino accident prevention framework：Hazwim[J]. Journal of Loss Prevention in the Process Industries，2005，18（3）：127-138.

[88]　Reniers G. An external domino effects investment approach to improve cross-plant safety within chemical clusters[J]. Journal of Hazardous Materials，2010，177（1/2/3）：167-174.

[89]　Reniers G，Soudan K. A game-theoretical approach for reciprocal security-related prevention investment decisions[J]. Reliability Engineering & System Safety，2010，95（1）：1-9.

[90]　Reniers G，Cuypers S，Pavlova Y. A game-theory based multi-plant collaboration model（MCM）for cross-plant prevention in a chemical cluster[J]. Journal of Hazardous Materials，2012，209/210：164-176.

[91]　王浩水. 《国务院安委会办公室关于进一步加强危险化学品安全生产工作的指导意见》解读[J]. 劳动保护，2009（9）：4.

[92]　赵东风，王文东，章博. 冲击波超压引起的多米诺效应[J]. 安全与环境工程，2007，14（1）：109-110，118.

[93] 王金伟，赵东风，李伟东. 石化企业多米诺效应引起的环境风险分析[J]. 工业安全与环保，2008，34（4）：52-54.

[94] 张新梅，陈国华. 化工罐区爆炸碎片多米诺效应影响概率计算模型[J]. 化工学报，2008，59（11）：2946-2953.

[95] 周成. 化工园区事故多米诺效应下 LPG 储罐动力学特性研究[D]. 广州：华南理工大学，2010.

[96] Chen C，Reniers G，Zhang L. An innovative methodology for quickly modeling the spatial-temporal evolution of domino accidents triggered by fire[J]. Journal of Loss Prevention in the Process Industries，2018，54：312-324.

[97] Chen C，Reniers G，Khakzad N. Integrating safety and security resources to protect chemical industrial parks from man-made domino effects: A dynamic graph approach[J]. Reliability Engineering & System Safety，2019，191：106470.

[98] Chen C，Reniers G，Khakzad N. Cost-benefit management of intentional domino effects in chemical industrial areas[J]. Process Safety and Environmental Protection，2020，134：392-405.

[99] Khakzad N，Landucci G，Reniers G. Application of dynamic Bayesian network to performance assessment of fire protection systems during domino effects[J]. Reliability Engineering & System Safety，2017，167：232-247.

[100] Khakzad N. Modeling wildfire spread in wildland-industrial interfaces using dynamic Bayesian network[J]. Reliability Engineering & System Safety，2019，189：165-176.

[101] Zhou J，Reniers G. Modeling and analysis of vapour cloud explosions knock-on events by using a Petri-net approach[J]. Safety Science，2018，108：188-195.

[102] Zhou J，Reniers G. Petri-net based evaluation of emergency response actions for preventing domino effects triggered by fire[J]. Journal of Loss Prevention in the Process Industries，2018，51：94-101.

[103] Chen G，Huang K，Zou M，et al. A methodology for quantitative vulnerability assessment of coupled multi-hazard in Chemical Industrial Park[J]. Journal of Loss Prevention in the Process Industries，2019，58：30-41.

[104] Jiang D，Pan X H，Hua M，et al. Assessment of tanks vulnerability and domino effect analysis in chemical storage plants[J]. Journal of Loss Prevention in the Process Industries，2019，60：174-182.

[105] Khakzad N，Reniers G. Dynamic Risk Assessment and Management of Domino Effects and Cascading Events in the Process Industry[M]. Amsterdam: Elsevier，2021.

[106] 陈国华，安霆，陈培珠. 危险化学品事故多米诺效应历史数据研究评述[J]. 中国安全生产科学技术，2015，11（4）：64-70.

[107] 陈国华，祁帅，贾梅生，等. 化工容器碎片引发多米诺效应事故研究历程与展望[J]. 化工进展，2017，36（11）：4308-4317.

[108] 贾梅生，陈国华，胡昆. 化工园区多米诺事故风险评价与防控技术综述[J]. 化工进展，2017，36（4）：1534-1543.

[109] 蒋代，华敏，潘旭海，等. 化工园区储罐多米诺效应的脆弱性评估[J]. 中国安全科学学报，2019，29（4）：177-182.

[110] 蒋代，华敏，潘旭海. 危化品储罐区多灾种耦合效应风险分析[J]. 中国安全生产科学技术，2018，14（9）：144-150.

[111] Cozzani V，Reniers G. Historical Background and State of the Art on Domino Effect Assessment[M]. Amsterdam: Elsevier，2013.

[112] Cozzani V，Gubinelli G，Salzano E. Escalation thresholds in the assessment of domino accidental events[J]. Journal of Hazardous Materials，2006，129（1/2/3）：1-21.

[113] Menoni S. Chains of damages and failures in a metropolitan environment: Some observations on the Kobe earthquake in 1995[J]. Journal of Hazardous Materials，2001，86（1/2/3）：101-119.

[114] Kääb A，Huggel C，Fischer L，et al. Remote sensing of glacier-and permafrost-related hazards in high mountains:

An overview[J]. Natural Hazards and Earth System Sciences，2005，5（4）：527-554.

[115] Apel H，Thieken A H，Merz B，et al. A probabilistic modelling system for assessing flood risks[J]. Natural Hazards，2006，38（1）：79-100.

[116] 李永善. 灾害系统与灾害学探讨[J]. 灾害学，1986，1（1）：7-11.

[117] 郭增建，秦保燕. 灾害物理学的方法论（三）[J]. 灾害学，1988，4（2）：1-8.

[118] 文传甲. 论大气灾害链[J]. 灾害学，1994，9（3）：1-6.

[119] 史培军. 灾害研究的理论与实践[J]. 南京大学学报（自然科学版），1991，（自然灾害研究专辑）：37-42.

[120] 陈兴民. 自然灾害链式特征探论[J]. 西南师范大学学报（人文社会科学版），1998，24（2）：122-125.

[121] 史培军. 三论灾害研究的理论与实践[J]. 自然灾害学报，2002，11（3）：1-9.

[122] 范海军，肖盛燮，郝艳广，等. 自然灾害链式效应结构关系及其复杂性规律研究[J]. 岩石力学与工程学报，2006，（S1）：2603-2611.

[123] 刘文方，肖盛燮，隋严春，等. 自然灾害链及其断链减灾模式分析[J]. 岩石力学与工程学报，2006，25（S1）：2675-2681.

[124] 肖盛燮. 生态环境灾变链式理论原创结构梗概[J]. 岩石力学与工程学报，2006，25（S1）：2593-2602.

[125] 王文俊，唐晓春，王建力. 灾害地貌链及其临界过程初探[J]. 灾害学，2000，15（1）：41-46.

[126] 王卓理，耿鹏旭，王海荣. 矿山地质灾害链及其断链减灾实践研究[J]. 地域研究与开发，2011，30（5）：156-160.

[127] 崔云，孔纪名，吴文平. 地震堰塞湖灾害链成灾演化特征与防灾思路[J]. 科技创新导报，2010，7（30）：221-223.

[128] 崔云，孔纪名，田述军，等. 强降雨在山地灾害链成灾演化中的关键控制作用[J]. 山地学报，2011，29（1）：87-94.

[129] 周靖，马石城，赵卫锋. 城市生命线系统暴雪冰冻灾害链分析[J]. 灾害学，2008，23（4）：39-44.

[130] 姚清林. 自然灾害链的场效机理与区链观[J]. 气象与减灾研究，2007，30（3）：31-36，75.

[131] 史培军. 五论灾害系统研究的理论与实践[J]. 自然灾害学报，2009，18（5）：1-9.

[132] 荣莉莉，蔡莹莹，王铎. 基于共现分析的我国突发事件关联研究[J]. 系统工程，2011，29（6）：1-7.

[133] Ding L，Khan F，Abbassi R，et al. FSEM：An approach to model contribution of synergistic effect of fires for domino effects[J]. Reliability Engineering & System Safety，2019，189：271-278.

[134] Necci A，Cozzani V，Spadoni G，et al. Assessment of domino effect：State of the art and research Needs[J]. Reliability Engineering & System Safety，2015，143：3-18.

[135] Gill J C，Malamud B D. Reviewing and visualizing the interactions of natural hazards[J]. Reviews of Geophysics，2014，52（4）：680-722.

[136] European Food Safety Authority. International frameworks dealing with human risk assessment of combined exposure to multiple chemicals[J]. EFSA Journal，2013，11（7）：3313.

[137] Omidvar B，Kivi H K. Multi-hazard failure probability analysis of gas pipelines for earthquake shaking，ground failure and fire following earthquake[J]. Natural Hazards，2016，82（1）：703-720.

[138] Tarvainen T，Jarva J，Greiving S. Spatial pattern of hazards and hazard interactions in Europe[J]. Special Paper-Geological Survey of Finland，2006，42：83.

[139] Stelzenmüller V，Coll M，Cormier R，et al. Operationalizing risk-based cumulative effect assessments in the marine environment[J]. Science of the Total Environment，2020，724：138118.

[140] Stelzenmüller V，Coll M，Mazaris A D，et al. A risk-based approach to cumulative effect assessments for marine management[J]. Science of the Total Environment，2018，612：1132-1140.

[141] European Commission. Risk assessment and mapping guidelines for disaster management[EB/OL]. [2010-12-21]. https://ec.europa.eu/echo/files/about/COMM_PDF_SEC_2010_1626_F_staff_working_document_en.pdf.

[142] Kappes M S，Keiler M，von Elverfeldt K，et al. Challenges of analyzing multi-hazard risk：A review[J]. Natural Hazards，2012，64（2）：1925-1958.

[143] Ding L，Khan F，Ji J. A novel approach for domino effects modeling and risk analysis based on synergistic effect and accident evidence[J]. Reliability Engineering & System Safety，2020，203：107109.

[144] Zhou J，Reniers G. A matrix-based modeling and analysis approach for fire-induced domino effects[J]. Process Safety and Environmental Protection，2018，116：347-353.

[145] Alexander D E，Fairbridge R W. Encyclopedia of Environmental Science[M]. Dordrecht：Springer，1999.

[146] Berrington de González A，Cox D R. Additive and multiplicative models for the joint effect of two risk factors[J]. Biostatistics，2005，6（1）：1-9.

[147] Kim D，Volk H，Girirajan S，et al. The joint effect of air pollution exposure and copy number variation on risk for autism[J]. Autism Research，2017，10（9）：1470-1480.

[148] Lee K H，Rosowsky D V. Fragility analysis of woodframe buildings considering combined snow and earthquake loading[J]. Structural Safety，2006，28（3）：289-303.

[149] Zuccaro G，Cacace F，Spence R J S，et al. Impact of explosive eruption scenarios at Vesuvius[J]. Journal of Volcanology and Geothermal Research，2008，178（3）：416-453.

[150] Landucci G，Argenti F，Spadoni G，et al. Domino effect frequency assessment：The role of safety barriers[J]. Journal of Loss Prevention in the Process Industries，2016，44：706-717.

[151] Chen J，Ji J，Guo X，et al. An improved approach for spatial and temporal individual risk assessment considering synergistic effects of multiple fires occurred sequentially[J]. Fire Technology，2022，58（4）：2093-2121.

[152] Ding L，Khan F，Ji J. A novel vulnerability model considering synergistic effect of fire and overpressure in chemical processing facilities[J]. Reliability Engineering & System Safety，2022，217：108081.

[153] Khakzad N，Reniers G，Abbassi R，et al. Vulnerability analysis of process plants subject to domino effects[J]. Reliability Engineering & System Safety，2016，154：127-136.

[154] 冯显富，王艳，张科宇，等. 火灾爆炸事故多米诺效应耦合模型研究[J]. 中国安全生产科学技术，2013，9（3）：51-55.

[155] 陈福真，张明广，王妍，等. 油气储罐区多米诺事故耦合效应风险分析[J]. 中国安全科学学报，2017，27（10）：111-116.

[156] 张苗，宋文华. 基于贝叶斯网络的化纤企业多米诺事故耦合效应风险评估方法研究[J]. 南开大学学报（自然科学版），2019，52（1）：88-96.

第 2 章 多灾种耦合风险评估研究框架

2.1 概　　述

"多灾种"概念首先在 1992 年召开的联合国环境与发展大会通过的《21 世纪议程》中被提出。此后，各国际会议、组织等都提出了"多灾种"相关的观点，其关注点包括脆弱性分析、对灾害事故进行风险评估和降低风险等方面。伴随着"多灾种"概念产生的，是各种多灾种耦合风险评估方法，以及对多灾种耦合风险更深入的认识。

目前，针对单一自然灾害或事故灾难的研究已较为成熟，但相应风险评估的结果往往是不准确和不完备的，只有在考虑和分析所有相关威胁的情况下，才能有效地降低风险。与单一灾害或事故的风险评估相比，多个灾害事故的风险评估显得更为复杂多变。各类灾害事故的特征不同，因此评估方法也可能有较大的差异。此外，多种灾害事故并发时，它们之间的相互关系可能十分复杂，并不能简单地将不同的灾害事故风险进行叠加。同时，目前国内外的不同研究者提出了许多不同的风险评估理论与方法，多种概念与方法需要进行调整和统一，才能适用于更为普遍的情况。

本章将概述多灾种耦合风险评估的相关内容。为了厘清风险评估的相关概念，2.2 节首先概述多灾种耦合风险评估方法论，对风险评估定义与流程、风险评估作用与意义以及风险定性-半定量-定量评估方法进行介绍；2.3 节对 Natech 事件、多米诺事故、自然灾害链以及并行灾害事故的风险评估方法的现有研究成果进行综述；2.4 节对多灾种耦合风险评估面临的挑战与未来的研究思路进行展望；2.5 节对本章内容进行总结。

2.2 多灾种耦合风险评估方法论

2.2.1 风险评估定义与流程

风险是指有害事件发生与否的不确定性，词源于航海者对海上风浪危害的规律性总结。风险作为事故潜在发生可能性与后果最直接的评价指标，被各行各业广泛应用于安全评价与事故预防。美国化工过程安全中心定义风险为"从事故发生可能性与损失严重程度两个方面衡量人员伤害、环境破坏与经济损失"[1]。美国国土安全部则定义风险为事故发生可能性、后果以及系统脆弱性的综合考量[2]。

风险与危害（hazard）的定义不同，风险是对危害本身与其发生概率的综合考量。如果危害发生的可能性能够用概率进行测量，则风险可定义为危害发生的概率（probability）与损失（consequence）的乘积[3]：

$$\text{risk} = \text{consequence} \times \text{probability} \tag{2.1}$$

对于自然灾害与事故灾难中的人员伤亡风险，常用的风险度量指标为个人风险（individual risk，IR）与社会风险（societal risk，SR）[4]。个人风险旨在度量个人每年面临死亡或严重伤害的风险，可定义为灾害事故中人体死亡率 ρ 与灾害事故发生的频率 φ 的乘积[5]：

$$\text{IR} = \varphi \times \rho \tag{2.2}$$

社会风险则是在考虑个人风险的基础上，进一步考虑了区域的人口密度。社会风险旨在反映灾害事故对某一地区总人口的生命安全影响，其度量常用发生 N 人死亡的灾害事故发生频率 F，即 $F\text{-}N$ 曲线展示，如下[6]：

$$1 - F_N(x) = P(N > x) \tag{2.3}$$

式中，P 为概率；x 为死亡人数。

风险评估是指对危害事件造成影响和损失的可能性进行量化评估，是基于对各个风险因素的考量对风险进行的分析与评价，是各行各业最为重视并常用的安全管理手段之一[7]。对于风险评估定义与流程，国际上已有成熟的标准与规范。在国际标准 ISO 31000《风险管理》与 ISO 31010《风险评估技术》中，风险评估分为风险辨识、风险分析、风险评价三个主要步骤[8, 9]。根据国际标准，我国编制了国家标准 GB/T 24353—2022《风险管理 指南》，指出在风险评估三个步骤的基础上开展风险应对步骤，共同组成风险管理的四大步骤[10]。图 2.1 展示了风险评估与风险管理的流程示意图。

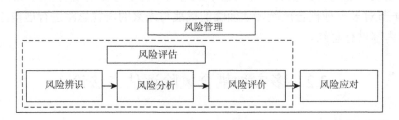

图 2.1　风险评估与风险管理的流程示意图

风险辨识作为风险评估的首要步骤，相应方法与理论已有长足的发展。在该步骤中，需完成场景构建、危险源分析、事故类型预测等工作。以事故灾难为例，风险辨识是对可能引发事故并导致不良后果的材料、系统、生产过程特征的找寻过程，主要任务包含：①识别可能引发事故的各类特征；②辨识可能发生事故的种类[11]。风险辨识是政府安全监察管理与企业保证安全生产的重要工具，是风险评估的必要步骤。在风险辨识的基础上，可开展进一步的定性、定量风险分析与评价。

风险分析是风险评估的核心步骤，可按照方法性质分类为定性风险分析、半定量风险分析、定量风险分析。以风险辨识结果为基础，风险分析步骤是对潜在危险事件发生可能性与后果的综合考量。风险分析方法的种类较为丰富，原理不尽相同。确定危险事件发生可能性的方法包括：专家主观评估、查阅历史数据、条件概率计算等。危险事件后果可分为对人的伤害、对环境的破坏以及财产损失三大类。对于自然灾害与事故灾难，人员伤亡是风险分析最为关注的指标。

风险评价步骤以风险分析结果为基础，最常用的评估准则是最低合理可行（as low as reasonably practicable，ALARP）原则[12]。对于个人风险与社会风险，多个国家均提出了相应的最大可接受风险值，如表 2.1 所示[13]。根据可接受风险值与风险分析结果的对比，可评估区域个人风险与社会风险处于可接受区、尽可能降低区还是不可接受区，为后续开展风险应对提供定量参考。除此之外，对于经济风险等对量化风险评价要求更高的风险指标，风险价值（value at risk，VaR）概念的引入可更好地将灾害事故风险与各个经济指标相对应[14]。

表 2.1　不同国家所制定的个人可接受风险标准

国家	可接受风险		
	医院等	居住区	商业区
荷兰	1×10^{-6}	1×10^{-6}	1×10^{-6}
英国	3×10^{-7}	1×10^{-6}	1×10^{-5}
新加坡	1×10^{-6}	1×10^{-6}	5×10^{-5}
马来西亚	1×10^{-6}	1×10^{-6}	1×10^{-5}
澳大利亚	5×10^{-7}	1×10^{-6}	5×10^{-5}
加拿大	1×10^{-6}	1×10^{-5}	1×10^{-5}
巴西	1×10^{-6}	1×10^{-6}	1×10^{-6}

2.2.2　风险评估作用与意义

风险评估是在危险事件发生之前或发生过程中，对危险事件给人们的生活、生命、财产等各个方面造成的影响和损失的可能性进行量化评估的工作，是制定自然灾害、事故灾难等危险事件防范措施和开展管理决策最依赖的科学依据。风险评估的目的是查找、分析和预测工程、系统、自然环境存在的危险因素，从而指导制定合理可行的安全对策措施、开展风险监控和灾害事故预防、实现最小损失和最优的安全投资效益。

国家标准 GB/T 24353—2022《风险管理 指南》中提到，风险评估作为风险管理的重要步骤，可实现保证恰当地应对风险、提高风险应对的效率和效果、增强行动的合理性、有效地配置资源的重要作用。标准中也提到，提高风险评估与管理的意识，有助于各组织和群体减少损失，提高健康、安全和环保水平，增强生存与持续发展能力等[10]。我国关于危险化学品安全的现行国家标准 GB/T 37243—2019《危险化学品生产装置和储存设施外部安全防护距离确定方法》中则提出，涉及危险化学品生产或储存的企业应开展风险定量评估，确定企业外部安全防护距离，并判断项目是否满足个人风险基准的要求、社会风险水平是否可以接受[15]。《中华人民共和国安全生产法》中明确指出，建立完善的安全风险评估与论证机制，并按照安全风险管控的要求进行产业规划和空间布局，是各级人民政府的重要职责[16]。《中华人民共和国突发事件应对法》则指出，建立突发事件风险评估体系，对可能发生的突发事件进行综合性评估，可以减少重大突发事件的发生，最大限度地减轻重大突发事件的影响[17]。

风险评估的意义在于可以有效地预测与预防灾害与事故的发生，减少财产损失与人员伤亡。与日常安全巡查、安全监督检查等被动安全防护的思路不同，风险评估则是一类从灾害与事故负效应的分析与论证出发的主动安全管理策略。随着风险管理理论的不断发展，风险评估逐渐成为系统安全管理的必要组成部分。风险评估通过从工程、设计、建设、运行等过程对事故隐患进行科学分析，针对事故隐患发生的各种可能原因与条件，提出消除隐患的最佳措施，可以有效促进工业生产的本质化安全、提升系统的固有安全性能。同时，准确的风险评估还有助于安全投资的合理选择。通过对灾害事故危险性与发生可能性的综合考量，可以指导安全管理决策的制定，精确确定安全措施投资的多少，从而使安全管理投入成本和灾害事故潜在威胁达到合理平衡。

风险评估有助于提高城市安全管理与用地规划水平。联合国预计，世界范围内未来几十年的城市发展与扩张主要会发生在以中国为代表的发展中国家[18]。随着城市的快速扩张，我国城镇、农业、工业用地规划面临重大矛盾冲突。如何协调好城市扩张与工业发展的平衡，实现经济发展与城市安全"两手抓"，是灾害事故风险评估的主要目的之一。同时，准确的风险评估可以为城市发展提供安全层面的前瞻性规划，避开自然灾害高发区域或针对易发的自然灾害种类提前制定应急预案。风险评估可为高密度、高敏感性人群聚集区域（如商场、医院、学校等）的区划规划提供指导，并可为灾害事故前预防预警、事件发生后应急疏散与救援提供参考与指导。

风险评估是政府安全监管部门实行宏观控制的重要依据。风险作为指示灾害与事故潜在危险的重要指标，具有跨领域、跨类别应用的普适性优势。对于复杂的自然灾害与事故灾难，尤其是多灾种耦合的突发事件场景，对风险指标的准确评估可以将不确定性、模糊性高的灾害事故潜在危险"化繁为简"，这对于政策制定者与安全监管从事人员制定安全管理法律法规、条例标准等宏观文件指南来说非常重要。同时，风险作为一类高量化程度的指示指标，可以推动安全管理从基于主观评价的"经验管理"转换为基于风险的"目标管理"，促使安全管理工作做到科学化、统一化、标准化。准确的风险评估可以全面展示系统与环境的潜在危险，使本该密切联系的各领域、各部门间的安全管理策略不再独立、割裂。

无论是危化品行业的从业人员，还是关注防灾减灾的城市建设人员，或者是对安全具有主观意识与追求的普通民众，掌握风险评估的基本原理与理念都是十分必要的。随着经济社会的高速发展，人类社会与自然环境中各个系统间存在复杂的内在联系，社会正常运转面临着日益上升的不确定性与模糊性。处理该类不确定性的最好方法之一就是对风险保持明确的认知，并保证其可控、可调，而风险评估就是实现该目标的最有效手段。

2.2.3　风险定性-半定量-定量评估方法

随着对自然灾害、事故灾难机理研究的不断深入，以及计算能力与算法的不断优化更新，针对灾害与事故的风险评估方法经历了从定性到半定量再到定量化的发展历程[19]，风险评估方法的精度也经历了从模糊到准确的发展过程[20]。本节将以"定性-半定量-定量"为线索，介绍针对自然灾害与事故灾难的部分典型风险评估方法。

1. 风险定性评估方法

风险的定性评估指对风险非数值的展示与解释方式，大多基于图像、图表、流程示意图、数据集等形式与方法[19]。风险定性评估主要是通过分析与解释来描述事物的整体意义与相互联系，主要根据人的经验和判断能力对生产工艺、设备、环境、管理等方面的状况进行评估[11]。风险定性评估具有简单实用、针对性强、容易掌握的优点，在工业产业中已获得广泛、成熟的实际应用。同时，风险定性评估方法也常用于自然灾害与事故灾难的风险辨识，需要风险管理者对系统、环境风险有较高的认知水平。

风险定性评估方法可分为静态分析和动态分析两类。静态分析是将风险评估对象与预先准备的检查内容或项目所规定的标准相对照，来判断系统和环境的安全水平，这类方法的资料来源于前人的风险识别成果以及规章制度标准。动态分析是推断风险评估对象潜在危险因素与可能发生的灾害、事故之间的联系，来判断系统或环境的危险程度。

常用的定性风险静态分析方法包括安全检查表（safety check list，SCL）法[21]、HAZOP 分析[22]、危害分析（hazard identification，HAZID）法[23]等。该类方法的统一特征为对灾害与事故潜在风险的"按图索骥"，依据相关标准、规范，对工程、系统、自然环境中已知的危险类别、设计缺陷以及潜在危险性与有害性进行判别检查。其中，HAZOP 分析方法在实际工业产业以及防灾减灾风险评估中的应用最为广泛，也根据各类应用场景的特征衍生出了不同的改进方法。例如，HAZOP 批处理分析[24]、HAZOP 集成分析[25]、HAZOP 自动化分析[26]等。

常用的定性风险动态分析方法包括预先危害分析（preliminary hazard analysis，PHA）[27]、故障类型与影响分析（failure mode and effect analysis，FMEA）法[28]、故障假设分析（what-if analysis，WIA）法[29]等。该类方法是对灾害与事故风险的"寻根求源"，以系统、环境潜在的危险作为分析的起点，对风险管理者的逻辑推理能力提出了较高的要求。其中，WIA 法是工业风险管理中采用最广泛的风险定性评估方法之一，也常作为定性识别方法应用于风险辨识的步骤中。该方法需要对工艺过程与操作预先提出一系列故障假设，然后对假设分析识别危险和可能的灾害与事故后果。

除了适用于事故灾难的风险定性评估方法之外，部分风险定性评估方法则更针对自然灾害的特点与特征。适用于自然灾害的风险定性评估方法更多基于历史灾情或指标体系的危险性与脆弱性分析，例如，灾害风险指标计划（the disaster risk indexing project，DRI）[30]和热点（hotspots）计划[31]，均开发了全球尺度的脆弱性指标。通过历史灾情的统计分析，可了解某地区遭受一定强度自然灾害时的损失程度，将灾害下的物理脆弱性与社会经济脆弱性综合集成考虑在内[32]。与事故灾难不同，针对自然灾害的风险定性评估方法的应用范围并不广泛，且常作为风险定量评估方法的预分析手段，与半定量、定量评估方法间的差异界限并不明显。

2. 风险半定量评估方法

风险半定量评估方法是用一种或几种可直接或间接反映系统/环境的危险性的指数/指标来评价系统/环境的危险性大小的方法，可应用于无法对风险进行直接度量的实际场景中，其应用前提为对风险评估结果中的合理推断有较高的可接受度[11]。风险半定量评估为介于定性与定量之间的风险评估方法，其结果为对灾害事故风险的估计值，而不是完全模糊或完全准确的评估结果，其准确性相较于风险定量评估稍差，但明显高于风险定性评估。同时其还具有简单、迅速、成本低的优势，这使风险半定量评估方法已广泛应用于各行各业的生产安全管理、事故预测预警的各项工作中。

相较于风险定性与风险定量评估方法，风险半定量评估方法的种类不算丰富，但实用性强、应用场景丰富。对于自然灾害与事故灾难，风险矩阵分析（risk matrix analysis，RMA）法是常用的风险评估方法之一[33]。此方法通过对灾害事故的严重性与发生可能性进行等级划分，通过矩阵表来确定风险等级。风险矩阵分析法是简单、灵活的风险半定量评估工具，与其他风险定性评估方法相比具有更广泛的用途，是风险全周期管理过程中分析和评价风险的直接方法。表 2.2 与表 2.3 分别展示了风险指标法中对危险性与可能性的分级[11]。

表 2.2　危险性分级

危险性等级	等级说明	事故后果说明
1	轻微的	人员伤害程度和系统损坏程度都轻于 2 级
2	轻度的	人员轻度受伤、轻度职业病或系统轻度损坏
3	严重的	人员严重受伤、严重职业病或系统严重损坏
4	灾难的	人员死亡或系统报废

表 2.3　可能性分级

可能性等级	单个项目具体发生情况	总体发生情况
1	极不易发生，以至于可以认为不会发生	不易发生
2	在生命周期内不易发生，但仍有可能发生	较不易发生
3	在寿命期内有时可能发生	发生若干次
4	在寿命期内会出现若干次	频繁发生
5	频繁发生	连续发生

其他常用的风险半定量评估方法包括指标体系（index system，IST）评价法[34]、保护层分析（layer of protection analysis，LOPA）法[35]、作业条件危险性评价（likelihood exposure consequence，LEC）法[36]等。风险半定量评估方法与风险定性、风险定量评估方法之间的界限较为模糊，相应研究成果与方法种类也相对更少。对于自然灾害风险，也没有单独、成熟的风险半定量评估方法。然而，风险半定量评估方法凭借主、客观风险评估的结合，在场景适用性与方法可操作性上具有优势，其在灾害事故防治中的实际应用并不逊色于风险定性或风险定量评估方法。

3. 风险定量评估方法

风险定量评估（quantitative risk assessment，QRA）最初被美国国家航空航天局应用于航天领域，并被美国核管理委员会应用于核工业领域。随着其应用领域的扩展，风险定量评估逐渐成为各行各业最重要的风险管理方法之一[37]。由于风险定量评估方法在精确性与适用性等方面的显著优势，相应研究成果与方法种类相较于定性、半定量方法更为丰富。风险定量评估运用通过大量实验结果与广泛事故资料分析获得的规律和模型，对灾害事故发生频率、危险性、破坏范围等定量指标进行计算，并以风险的形式进行评价与展示。

对于事故灾难，风险定量评估方法大体上可分为三类：第一类是基于事故灾难机理研究的分析方法；第二类是符合事故灾难因果关系特征的图像方法；第三类是随着计算机模拟技术发展应运而生的模拟方法[38]。基于机理分析的风险定量评估方法的代表是事故后果模拟（accident consequence simulation，ACS）分析法，该方法利用各类事故灾难的物理模型，定量描述可能发生的事故对周边范围内设施、人员及环境造成危害的严重程度[5]；基于图像的风险评估方法则是以事故灾难从初始事件到事故失控的链式关系为基础，代表性的方法有事件树分析（event tree analysis，ETA）[39]、事故树分析（fault tree analysis，FTA）[40]、贝叶斯网络（Bayesian network，BN）[41]等；随着计算机的广泛应用，近年来，蒙特卡罗模拟（Monte Carlo simulation，MCS）[42]、流体动力学（computational fluid dynamic，CFD）模拟[43]等高精度方法逐渐成为风险定量分析的主流方法。

对于自然灾害，"3S" 技术的广泛应用是风险定量评估方法的重要特征之一，即遥感（remote sensing，RS）、GIS 和全球定位系统（global positioning system，GPS）[32]。例如，美国联邦应急管理署（Federal Emergency Management Agency，FEMA）开发的国家尺度自然灾害风险评估方法 HAZUS-MH（hazard United States-multi-hazard），就是 GIS 技术在自然灾害风险定量评估中应用的典范[44]。除此之外，采用计算机技术开发建立的模型、软件也逐渐支撑起了自然灾害风险的定量化数值模拟方法。例如，美国国家气象局针对台风灾害开发的 SLOSH（sea，lake，and overland surges from hurricanes）模型[45]、荷兰 Delft3D 风暴潮数值模拟系统[46]等。风险定量评估已成为提高自然灾害风险评估结果精度与可靠性的重要途径。

然而，虽然风险定量评估方法种类丰富、应用广泛，但现有方法也存在着准确性与实用性低的问题。部分风险定量评估方法所基于的模型粗糙、陈旧，无法实现灾害事故风险的动态评估，而基于精细模拟的风险定量评估方法往往费时、计算量大，在复杂事故场景中的适用性较差。灾害与事故的风险定量评估方法应用前景广阔，且仍有较大的发展潜力。

2.3　多灾种耦合风险评估方法综述

2.3.1　Natech 事件风险评估

Natech 事件通常涉及的是导致工业系统发生故障和损害的自然灾害[47]。因此，Natech 事件研究的重要方面之一，就是设备在自然灾害期间的脆弱性，并计算其损伤概率和结果。此外，如何评估 Natech 事件的风险是一个重要问题，其答案通常与工业生产风险评估密切相关。

对 Natech 事件的典型案例以及历史事故的数据进行统计分析[48]，可以明确其特征，并总结出 Natech 事件发生的规律，为进一步的风险评估打下基础。例如，Lanzano 等[49]构造了一个大型的钢制管和非钢制管地震损伤数据库，通过震后勘察、地震工程报告和技术文件对每一个案例进行分析和收集，可用于定义特定的脆弱性函数。Sengul 等[50]调查统计了 1900～2008 年期间美国自然灾害造成的大约 16 600 次有害物质泄漏的发生情况，并计算出这些泄漏事故的数量约占这段时间内美国记录的所有事故的 3%。Krausmann 和 Cruz [48]对 2011 年 3 月 11 日在日本发生的自然灾害对 46 个化学设施造成的损害的公开来源数据进行了分析，并通过与主管部门的访谈了解了造成工业损害和停工的主要原因，以及有害物质释放的程度及其对社会的相关影响。

Natech 事件的核心是自然灾害在工业系统中造成了破坏并导致其失效，因此研究相关设备在自然灾害前的脆弱性，可以确定自然灾害造成工业单元失效与损伤的关键过程、作用机制和阈值。通过绘制脆弱性曲线，进行损伤概率与结果的计算，可以进一步帮助人们深入地认识 Natech 事件的触发和演化过程。对于自然灾害对工业系统造成的损害，Antonioni 等[51]开发了一种方法，用于识别不同的损害模式和可能的触发事故，并计算自然事件对设备造成的损害概率。更具体地说，他们构建了一个评估外部事件对化工厂的风险的过程。这一过程有三个主要问题，如下所示。这也是研究人员研究 Natech 事件风险评估的常见步骤[52]。

（1）外部事件（地震、洪水等自然灾害）的分类和特征分析。例如，Necci 等[53]提出了一种定量方法，利用峰值电流强度和雷电荷电两个参数的概率分布函数对雷电强度进行了量化。

（2）对目标区域内的设备单元进行分类列表。例如，Lanzano 等[49]将管道系统分为五个不同的类别，以评估与自然灾害发生相关的系统脆弱性。

（3）构建不同的自然灾害对不同设备造成损伤的模型。例如，Necci 等[53]通过蒙特卡罗模拟，确定了设备雷击的预期频率和设备损坏的概率，Milazzo 等[54]对火山灰堆积对一级污水处理设备的影响进行了分析，更新了引起设备故障的火山灰沉积临界阈值。与储罐相关的 Natech 事件的研究较多，例如，使用脆弱性曲线、简化物理模型等帮助确定自然灾害对储罐的损伤模型与阈值。

鉴于 Natech 事件跨自然灾害和事故灾难两类灾种的特点，为降低其风险而采取的各种步骤，如评估、预防、准备和响应以及恢复和重建，需要进行更加特别的协调和规划，以确保所有可能的危害和影响得到解决。对于 Natech 事件而言，风险评估关注的重点在于工业区域，往往将自然灾害作为对工业安全造成威胁的一种外部事件进行分析，淡化了 Natech 事件中自然灾害与其他威胁的区别，因此，对 Natech 事件的风险评估往往包含于一般的工业园区风险管理研究中。一般而言，风险评估主要关注个人和社会风险[51, 55, 56]。模糊评价法是常用的评价方法，它可以将评估从定性评估转变为定量评估。它是一种能够方便、直观地表达自然灾害与事故灾难风险的综合评价方法。在这种方法中，通常通过构建指标来描述风险。例如，Cruz 和 Okada[56]利用专家评分结合概率分析开发了 Natech 风险指数。Han等[57]建立了台风灾害造成的自然环境风险评估框架，并运用层次分析法和模糊评价模型，建立了自然灾害与事故灾难的环境风险评价指标体系。此外，其他的Natech 风险管理方法还从政府的行政手段和关键战略（包括应急计划、教育和宣传活动）的角度介绍了降低自然灾害与事故灾难风险的方法等[47]。

2.3.2　多米诺事故风险评估

1. 风险定性评估方法

在多米诺事故风险评估方法发展的起步阶段，相应方法多为考虑多米诺事故特征的传统化工事故风险定性评估方法。例如，基于 HAZOP 方法的多米诺事故风险评估方法[58-61]、基于故障假设分析的多米诺事故风险评估方法[29]、基于HAZID 的风险分析方法[62, 63]以及基于风险矩阵的风险定性分析方法[64]。其他化工多米诺事故的风险定性评估方法包括基于风险图像的安全完整性评估方法[65]、基于风险承受能力标准的完整性评估方法[66]等。由于多米诺过程的复杂性与不确定性，其风险的定性分析方法在精度与适用性上有所欠缺，相应学术研究成果也较少。

2. 风险半定量评估方法

由于发展时间跨度较短，多米诺事故风险半定量评估方法与风险定性评估方法之间的界限较为模糊，相应的研究成果也相对更少。较为典型的多米诺事故风险半定量评估方法包括风险指标分析法[67]、基于 LOPA 法的风险评估方法[68, 69]、基于层次分析法（analytic hierarchy process，AHP）的多米诺事故动态风险半定量评估方法[70]等。除此之外，Fine-Kinney 方法也被广泛应用于基于风险矩阵的多米诺风险半定量评估中,从事故发生可能性、后果以及人员暴露性对多米诺风险进行评估[71]。在前人研究的基础上,Kokangül 等[72]将 AHP 方法与 Fine-Kinney 方法相结合,实现了大型企业中多米诺事故风险的半定量评估。相较于风险定性与定量评估方法,多米诺事故风险半定量评估方法凭借主、客观评价的结合,在适用性与可操作性上有一定优势,但在产业应用基础与方法精度上均有所欠缺。

3. 风险定量评估方法

随着对多米诺事故机理的研究进入发展与成熟阶段,学者也围绕多米诺事故风险定量评估方法开展了丰富的研究。多米诺事故的风险定量评估方法大体可分为三类:第一类是基于多米诺事故机理研究的分析方法;第二类是符合多米诺链式/网状结构特征的图像方法;第三类是随着计算机模拟技术发展应运而生的模拟方法[38]。下面将以方法类别为线索进行展开。

基于机理分析的多米诺事故风险定量评估方法的代表是 Khan 等[73]提出的最优风险分析(optimal risk analysis,ORA)方法,该方法以 DOMIFFECT 软件为事故后果分析的基础。DOMIFFECT 是 Khan 和 Abbasi[74, 75]基于最大信度事故评估(maximum credible accident assessment,MCAA)分析法提出的多米诺事故定量分析软件。另一个具有代表性的方法是 Cozzani 等[5]提出的基于装置失效概率单位的多米诺事故风险定量评估方法。在后续研究中,通过该方法与 GIS 的结合,Cozzani 等[76]开发了可应用于多米诺事故风险定量评估的软件工具:Aripar-GIS。近年来,更多精细化的分析模型与方法在多米诺事故风险定量评估中得到了应用。储罐脆弱性作为多米诺事故机理研究的基础,成为风险定量评估方法关注的重点[77-79]。其他方法关注多米诺事故的升级过程对风险造成的影响,如爆炸碎片引发的事故升级[80, 81]。针对大型化工园区的多米诺事故,学者提出了基于博弈论的分析方法,实现了风险的定量评估[82]。

多米诺事故存在显著的链式/网状结构特征,这为一系列基于图像的风险定量评估方法应用于多米诺事故提供了可能性。图论模型是图像方法在多米诺事故风险定量评估中最直接的应用[83-85]。贝叶斯网络方法是广泛应用于风险定量评估的图像工具,其已在多年的优化过程中发展为多米诺事故风险定量评估的代表性方法之一[86-91]。在后续的发展中,动态贝叶斯网络优化了原有方法在时间、空间上静态的缺陷,也在风险定量评估方法中得到了广泛应用[77, 92-94]。佩特里网模型早期被应用于计算机系统中,具有适合描述并发事件的优势。凭借其优势,佩特里网被学者广泛应用于多米诺事故风险定量评估中[95-98]。事件树分析与事故树分析方法也被广泛应用于多米诺事故的分析与风险定量评估[83, 94]。以此为基础的蝴蝶结(bow-tie)模型方法也为多米诺事故风险定量评估方法的发展做出了贡献[99, 100]。

随着多米诺事故分析模型的建立与计算机模拟技术的发展,基于模拟的风险定量评估方法的发展近年来走上了快车道。计算 CFD 软件被学者广泛应用于多米诺事故发展过程模拟，一系列软件如 ANSYS Fluent[43]、LS-DYNA[101]、FLACS[102]、FDS[103]等在多米诺事故风险定量评估中发挥了重要作用。Abdolhamidzadeh 等[104]提出了基于蒙特卡罗模拟的多米诺事故风险定量评估方法，为相应研究的发展提供了新思路。Rad 等[105]在蒙特卡罗模拟方法的基础上进行了优化，提出了FREEDOM Ⅱ（frequency estimation of domino accidents Ⅱ）算法。在后续的发展中，基于蒙特卡罗模拟的风险定量评估方法得到了进一步针对性优化与应用[106]。Zhang 等[107, 108]以蒙特卡罗模拟为核心，提出了基于主体的多米诺事故模拟方法，实现了风险的精确量化。

2.3.3　自然灾害链风险评估

自然灾害链（以下简称灾害链）是一种复杂的多灾种耦合情形，需要全面分析灾害链中各个节点和节点之间的连接关系。在灾害链中，自然灾害数量的增加可能导致其影响远超过预期。因此，分析确定和总结归纳不同种类的灾害链非常重要。

通过对各类灾害链的统计分析，可研究灾害链的成灾机制，即灾害链形成时各级自然灾害之间的物质、能量的传递和相互作用过程，从而进一步认识灾害链，总结出灾害链分布的时间和空间特征以及灾害链形成的规律，进而帮助识别可能存在的灾害链。对灾害链成灾机制的现有研究，大部分属于定性分析与描述，同时也有少部分研究者建立起了基本的数学、物理概念模型。灾害链的模式和特征，通常是根据现有数据进行统计分析得到的。数据来源包括历史记录、地方当局编制的纪事、官方公共记录、数据记录或现有统计数据。例如，Wang 等[109]的数据取自《中国海洋灾害公报》，Wang 等[110]根据美国地质调查局公布的数据计算了2000～2011 年的强震频率。贾慧聪等[111]从中国省级报纸和期刊获取了灾害数据，并总结了干旱、地震、雪灾和寒潮的灾害链。

研究人员还研究了不同灾害链的模式。例如，史培军[112]统计分析了中国大量的灾害链之后，提出了寒潮、台风-暴雨、地震和干旱 4 种常见的典型灾害链。这四种灾害链也在国内的研究中被广泛引用。王然等[113]根据台风所经过区域的特征和灾害孕育环境的分类，提出了全球台风灾害链的分类系统。在 8 个灾害孕育环境中，18 个类别被分为 58 个子类别。对于暴雨和洪水链，万红莲等[114]整理和分析了中国宝鸡 1368～1911 年的洪水信息，并绘制了该地区明清时期旱涝灾害的空间分布图。

除此之外，对自然灾害链的研究还着重利用定量方法对自然灾害链的风险进行评估，主要是通过建立相关的概念模型，分析灾害链发生概率、致灾强度和承灾载体脆弱性等，综合评估灾害链的影响和带来的损失。目前，相关的风险评估模型和方法包括概率分析模型、复杂网络以及模拟仿真等。

（1）概率分析模型一般通过列出灾害事件树，计算父灾害发生后子灾害发生的概率。灾害链虽然描述的是父灾害引发子灾害的链式关系，并且已有许多研究者提出和总结了大量的灾害链，但这并不意味着已有的灾害链里父灾害发生时，子灾害必定发生，往往需要考虑灾害链的逻辑结构中子灾害发生的概率。在计算相关的条件概率时，需要考虑承灾载体的脆弱性以及孕灾环境的复杂性等因素，如承灾载体和孕灾环境是否达到了某种状态、相应的状态达到了什么阈值等。

贝叶斯网络含有多个节点和连接边，非常适合作为推演父灾害引发子灾害的灾害链的模型方法。节点可以代表自然灾害，连接边可以由父灾害指向子灾害，并可以用连接边的概率表示父灾害引发子灾害的概率。例如，Wang 等[110]构建了地震—滑坡—堰塞湖—洪水的灾害链贝叶斯网络后，通过正向和反向推理，得出了各节点的条件概率，并认为人口密度、松散碎块体积、淹没区域、洪水发生和滑坡坝稳定性是导致地震灾害链中生命损失的最关键环节。此外，通过建立数学结构模型[115]或运用包含专家打分的层次分析方法等，均可以建立相关概率的确定方法。

总的来说，概率分析模型将灾害链中的父灾害和子灾害看作逻辑结构中的父节点和子节点，通过多种手段采用推理的方法来表示灾害发生的概率。但是概率分析模型只是一种对灾害组合的抽象描述，并且注重节点之间的引发关系，应用到具体环境中时，还需要结合对承灾载体以及孕灾环境的其他研究成果，才能更加精确地评估灾害链的风险。

（2）复杂网络是呈现高度复杂性的网络，其节点数目巨大，连接多种多样，结构十分复杂，网络结构受到扰动时，结构会不断发生变化，很可能由微小的扰动导致一系列链式反应。其在信息、社会等科学研究中应用广泛，同样可以应用于灾害链的风险评估。复杂网络的节点可以代表任何研究对象，因此可将灾害链中的每一个自然灾害看作一个节点，运用复杂网络理论来研究灾害链的演化过程。

复杂网络可以构建一般的灾害链场景结构，如刘爱华和吴超[116]以复杂网络为载体，用子节点风险损失的期望值来表示其在父节点作用下的风险。也可以针对具体的灾害链事件，通过案例分析研究抽象出对应的复杂网络，或通过逻辑推理列举所有子灾害后再构建网络，如朱伟等[117]构建了城市暴雨灾害链的拓扑网络。

通过复杂网络来研究灾害链，可以基于数学方程运算得到灾害链的动力学演化过程，也可以通过节点以及节点之间的连接边（代表灾害和灾害间的相互关系）来明确灾害链的结构特点，从而找出关键节点，提出对应的断链减灾方法。无论是哪种方法，均较大程度地对灾害链进行了抽象，虽然可以方便地描述和分析灾害链，但是对于实际的灾害链演化过程，往往对其孕灾环境的时空特性等复杂性描述不足，因此要在网络中加入相关元素，以更好地对应实际情况。

（3）模拟仿真是针对灾害链设计模型，利用人工或计算机模拟灾害演化过程，从而得到相关风险。这种模型可以基于力学等物理知识，构造对应的数学物理方程。例如，Liu 和 He[118]针对山地中发生的滑坡—堰塞湖—突发性洪水灾害链提出了一个系统模型，用于模拟次生灾害的运动。滑坡过程模型应用了由深度平均质量和动量方程导出的双曲守恒律系统，并以西藏易贡特大山体滑坡为例进行了仿真研究。

元胞自动机（cellular automata，CA）[119]是一种时间、空间、状态都离散，空间相互作用和时间因果关系为局部的网格动力学模型，具有模拟复杂系统时空演化过程的能力。由于元胞自动机包含时间、空间与状态，因此可以对应地研究指定区域的灾情随时间的演化过程，以及区域内和区域之间的灾情转化关系。目前的元胞自动机模型多用于研究单个灾种在时空区域中蔓延的情况[120, 121]，缺乏较为成熟先进的描述灾害链式传播的元胞自动机模型。

目前，灾害链研究主要集中在地震泥石流、沿海台风和内陆洪水等方面。因此，需要扩大灾害链研究的范围。此外，许多定量或半定量模型相对抽象，没有充分考虑到脆弱性和承灾载体的分布以及灾害链对承灾载体影响的叠加。有必要进一步考虑时间、空间等复杂因素，更全面地理解灾害链，提高灾害链风险评估的精度。

2.3.4　并行灾害事故风险评估

并行灾害事故可能造成更严重的潜在后果，因为灾害事故之间的相互作用往往会产生意料之外的灾难性后果。与其他多灾种耦合情景的风险评估不同，对并行灾害事故的研究往往侧重于危害发生后的总结和分析；很少有研究使用建立模型和计算概率等风险评估方法。例如，Horsburgh 和 Horritt[122]重建并分析了 1607年布里斯托尔海峡的洪水，在他们的重建模拟中，当时的潮汐和可能的天气产生了与实际观测一致的浪涌，而无须凭借降雨引发高水位。洪水是布里斯托尔海峡大潮和当地产生的浪涌的最严重组合。涨潮和浪涌之间的物理相互作用导致了严重的灾害。

在其他情况下，很难确定哪些灾害事故相互作用会导致更极端的事件，这些事件通常与特定的承灾载体有关（特殊的生态系统、基础设施、城市生命线系统等），如 1.2.2 节中介绍的塔吉克斯坦的并行灾害[123]。根据研究分析的对象不同，并行灾害事故和其他多灾种耦合情景可能会互相转化。例如，2010 年发生的甘肃舟曲特大泥石流灾害，是因为"5·12"地震导致舟曲山体松动，同时由于之前遭遇严重干旱导致岩体、土体收缩，裂缝暴露。暴雨产生时，雨水深入岩体深部，导致岩体崩塌、滑坡,形成泥石流[124]。这里的地震、干旱和强降雨本是成因不相关的灾害,但是由于其先后叠加作用于舟曲的山体这类承灾载体,导致其脆弱性发生变化,因此导致了更加严重的并行灾害事故的后果。但若考虑对舟曲地区人类社区的影响,也可以看作地震、干旱、暴雨导致的灾害链。

总的来说,并行灾害事故同样具有较大的偶然性,由于并行灾害事故的作用难以预测,因此往往会带来超过预期的影响和损失。由于这类不确定的相互作用,人们很难使用定性或定量方法进行风险分析,案例研究是现有主要的研究方法与成果[125,126]。未来的研究应该注重更加准确地总结和识别并行灾害事故之间的物理作用过程,尤其是自然灾害之间以及自然灾害与事故灾难之间的作用过程。对于承灾载体尤其是社会关键基础设施的脆弱性也需要开展更深层次的研究,为提供相应防护措施、防止多灾并发时承灾载体的崩溃提供研究基础。

2.4 多灾种耦合风险评估面临的挑战与展望

由于各类自然灾害与事故灾难机制复杂多变,多灾种耦合情景十分复杂,风险难以预测与评估。多灾种耦合风险评估不是一项简单、线性的任务,它包括多个步骤:多类灾害事故机理分析、承灾载体脆弱性分析、多风险非线性叠加等。在后续研究中,多灾种耦合风险评估可进一步开展以下方面的优化。

(1)目前为止,研究者通常使用传统描述独立灾害与事故的概念用于特定的多灾种耦合情景。然而,这类复杂多样的单灾概念对灾害事故之间关系的把握没有统一的标准。自然灾害和事故灾难之间的触发关系(灾害链、多米诺效应等)很容易识别,然而,灾害事故之间更为复杂和模糊的相互作用关系需要进行更多、更深入的理解和研究,需要建立一个总体框架来描述灾害与事故之间的复杂关系。本章与后续章节进行了一些尝试,但仍需要更多地讨论和更深入地分析,以提升研究框架的完整性和准确性。

(2)由于灾害与事故的发生与发展往往是复杂的过程,比起实际情况,各类风险评估模型的抽象程度往往很高,模型的精细化程度仍不够。例如,与承灾载体脆弱性有关的考虑需要更多地被纳入多灾种耦合风险的评估,这包括灾害与事故发生时承灾载体的分布、灾害事故影响的非线性叠加以及设备在多米诺效应影响下的脆弱性等。上述各类考虑应更多地被纳入更完善的事故分析模型中。此外,多灾种耦合风险评估还可以进一步和人群移动及个人防护相结合。

(3)在灾害与事故同时发生的情形下,多灾种耦合风险不同于单个独立的风险。不仅独立风险不可以简单地线性叠加,而且应考虑多种风险相关的社会系统复杂关系。这往往涉及多学科交叉的问题,从自然科学(生物学、气象学、地质学等）到技术问题（化学、爆炸、火灾、结构、力学等）和社会科学（经济学、管理学、心理学等）。在多灾种耦合风险评估的进一步发展中，跨学科、跨领域的交叉研究方法非常重要，尽管这会引入更多的困难与挑战。

（4）多灾种风险评估的目的之一是传达风险结果，以便决策部门能够获得更准确的信息，从而为其做出决策提供依据。应当考虑到的是，尽管决策部门关注该区域中所有类型的危害，但对其而言，更重要的是人员、装置与建筑等承灾载体的潜在损失。描述这种潜在损失的典型方法是脆弱性曲线、面或矩阵。然而，如上所述，在灾害与事故同时发生的情况下，脆弱性可能会表现出非线性变化，因此需要在原始脆弱性分析的基础上增加多个维度来描述其变化，并需要考虑合适的风险可视化方法，以向决策者等非专业人员介绍评估结果。

（5）同时发生多个灾害事故的场景被分类为灾害链、多米诺效应、Natech 事件等概念。然而，这种分类方式仍然是比较初步的。例如，森林火灾和洪水都属于自然灾害，但它们的性质完全不同；同样的是，森林火灾和事故灾难的火灾虽然分属自然灾害和事故灾难，但是它们都属于火灾，具有相同的性质。因此，如果以灾害链、多米诺效应、Natech 事件等概念为主体来各自进行风险评估，则可能会忽略不同主体间性质的联系与区别。此外，设施的损坏或环境污染等危害的影响可能是进一步扩大事故后果或产生其他灾害事故的关键因素，但在多灾种耦合场景中，这一类"中间环节"并未考虑在内。鉴于此，为了更好地把握多灾种场景的本质，需要进一步开发针对多灾种耦合场景的通用方法，以便应用于不同的案例中并对结果进行比较。一种可能的方法是根据灾害事故的要素将灾害与事故分为物质、能量和信息，以使风险评估的结果更加具有可比性。

2.5 本 章 小 结

与单一灾害或事故的风险评估相比，多个灾害事故的风险评估显得更为复杂多变。各类灾害事故的特征不同，评估方法可能也有较大的差异。且多种灾害事故并发时，它们之间的相互关系可能十分复杂，并不能简单地将不同的灾害事故风险进行叠加。针对多灾种耦合风险的评估问题一直是近年来的一个热点。多灾种概念的辨析、不同多灾种场景的风险评估方法的研究等都是现有研究的关注点。本章针对这些问题进行了研究和总结，主要内容和结论如下。

（1）本章概述了多灾种耦合风险评估方法论，对风险评估定义与流程进行了介绍，分析了风险评估的作用与意义，并概述了风险定性-半定量-定量评估方法的内容及其应用场景。

（2）本章对 Natech 事件、多米诺事故、自然灾害链以及并行灾害事故的风险评估方法的现有研究成果进行了综述，介绍了各类多灾种耦合情景风险评估的研究方法与研究内容，以及未来的研究思路。

（3）本章对多灾种耦合风险评估面临的挑战与未来的研究思路进行了展望，认为在风险分析模型的精细化、跨学科发展、风险评估结果的可视化展示等方面还需要进一步优化与深化。

参 考 文 献

[1]　Centre for Chemical Process Safety. Guidelines for Chemical Process Quantitative Risk Analysis[M]. 2nd ed. New York：American Institute of Chemical Engineers，2000.

[2]　Department of Homeland Security. DHS risk lexicon[EB/OL]. [2010-09-11]. https://www. dhs.gov/xlibrary/assets/ dhs-risk-lexicon-2010.pdf.

[3]　American Chemical Society. Identifying and Evaluating Hazards in Research Laboratories[M]. Washington D.C.：American Chemical Society's Committee on Chemical Safety，2015.

[4]　Gurjar B R，Sharma R K，Ghuge S P，et al. Individual and socictal risk assessment for a petroleum oil storage terminal[J]. Journal of Hazardous，Toxic，and Radioactive Waste，2015，19（4）：04015003.

[5]　Cozzani V，Gubinelli G，Antonioni G，et al. The assessment of risk caused by domino effect in quantitative area risk analysis[J]. Journal of Hazardous Materials，2005，127（1/2/3）：14-30.

[6]　韩朱旸. 城市燃气管网风险评估方法研究[D]. 北京：清华大学，2010.

[7]　贺治超. 化工多米诺事故风险定量评估模型与方法研究[D]. 北京：清华大学，2022.

[8]　ISO 31000. Risk management-Guidelines [S]. Geneva：International Organization for Standardization，2018.

[9]　ISO 31010. Risk management-Risk assessment techniques [S]. Geneva：International Organization for Standardization，2019.

[10]　全国风险管理标准化技术委员会. 风险管理 指南：GB/T 24353—2022 [S]. 北京：中国标准出版社，2022.

[11]　成素凡，黄鑫，黄翼鹏，等. 油气长输管道风险辨识、评价与控制方法[M]. 北京：中石油管道有限责任公司，2017.

[12]　贺治超，毕先志，翁文国. 基于蒙特卡洛模拟的多米诺事故风险量化管理[J]. 中国安全生产科学技术，2020，16（12）：11-16.

[13]　中华人民共和国应急管理部. 《危险化学品生产、储存装置个人可接受风险标准和社会可接受风险标准（试行）》解读[EB/OL]. [2014-06-27]. https://www.mem.gov.cn/gk/zcjd/201406/t20140627_233065.shtml.

[14]　邵明川. 风险评价的 VaR 方法及应用[D]. 青岛：青岛大学，2017.

[15]　国家市场监督管理总局，国家标准化管理委员会. 危险化学品生产装置和储存设施外部安全防护距离确定方法：GB/T 37243—2019 [S]. 北京：中国标准出版社，2019.

[16]　全国人民代表大会. 中华人民共和国安全生产法[EB/OL]. [2021-06-11]. http://wsjkw.hangzhou.gov.cn/art/ 2021/11/23/art_1229129328_58928511.html.

[17]　全国人民代表大会. 中华人民共和国突发事件应对法[EB/OL]. [2007-08-30]. http://www.hdgsgl.com/sfzcfg/46.

[18]　United Nations. Transforming our world：The 2030 agenda for sustainable development[R]. New York：United Nations General Assembly，2015.

[19]　Khan F，Rathnayaka S，Ahmed S. Methods and models in process safety and risk management：Past，present and future[J]. Process Safety and Environmental Protection，2015，98：116-147.

[20]　Swuste P，van Nunen K，Reniers G，et al. Domino effects in chemical factories and clusters：An historical perspective and discussion[J]. Process Safety and Environmental Protection，2019，124：18-30.

[21]　中国安全生产协会. 安全检查表[EB/OL]. [2018-11-24]. https://china-safety.org.cn/Article/Detail_1654_36_139_8_202.html.

[22]　中国功能安全中心. 危险与可操作性分析（HAZOP）[EB/OL]. [2019-01-08]. http://www.fs-china.org/projectshow.aspx？id＝39&type＝13.

[23]　石李胜，魏水州. HAZID 分析方法的浅析与应用[J]. 石油化工安全环保技术，2022，38（1）：11-14.

[24]　Palmer C，Chung P W H. An automated system for batch hazard and operability studies[J]. Reliability Engineering & System Safety，2009，94（6）：1095-1106.

[25]　Wang F，Gao J，Wang H. A new intelligent assistant system for HAZOP analysis of complex process plant[J]. Journal of Loss Prevention in the Process Industries，2012，25（3）：636-642.

[26]　Wang F，Gao J. A novel knowledge database construction method for operation guidance expert system based on HAZOP analysis and accident analysis[J]. Journal of Loss Prevention in the Process Industries，2012，25（6）：905-915.

[27]　Cameron I，Mannan S，Németh E，et al. Process hazard analysis，hazard identification and scenario definition：Are the conventional tools sufficient，or should and can we do much better？[J]. Process Safety and Environmental Protection，2017，110：53-70.

[28]　Institute for Healthcare Improvement. Failure modes and effects analysis（FMEA）tool[EB/OL]. [2017-03-04]. https://www.ihi.org/resources/Pages/Tools/FailureModesandEffectsAnalysisTool.aspx.

[29]　Assael M J，Kakosimos K E. Fires，Explosions，and Toxic Gas Dispersions：Effects Calculation and Risk Analysis[M]. Boca Raton：CRC Press，2010.

[30]　葛全胜，邹铭，郑景云，等. 中国自然灾害风险综合评估初步研究[M]. 北京：科学出版社，2008.

[31]　陈报章，仲崇庆. 自然灾害风险损失等级评估的初步研究[J]. 灾害学，2010，25（3）：1-5.

[32]　王军，叶明武，李响，等. 城市自然灾害风险评估与应急响应方法研究[M]. 北京：科学出版社，2013.

[33]　Klöber-Koch J，Braunreuther S，Reinhart G. Approach for risk identification and assessment in a manufacturing system[J]. Procedia CIRP，2018，72：683-688.

[34]　王日标，张剑波，谭辉善. 地质灾害风险评价指标体系构建研究[J]. 南方国土资源，2017（12）：33-36，40.

[35]　Markowski A S，Mannan S M. ExSys-LOPA for the chemical process industry[J]. Journal of Loss Prevention in the Process Industries，2010，23（6）：688-696.

[36]　Hua Y，He J，Gong J，et al. Hazardous area risk-based evacuation simulation and analysis of building construction sites[J]. Journal of Construction Engineering and Management，2020，146（5）：04020047.

[37]　Apostolakis G E. How useful is quantitative risk assessment？[J]. Risk Analysis，2004，24（3）：515-520.

[38]　Chen C，Reniers G，Khakzad N. A thorough classification and discussion of approaches for modeling and managing domino effects in the process industries[J]. Safety Science，2020，125：104618.

[39]　Alileche N，Olivier D，Estel L，et al. Analysis of domino effect in the process industry using the event tree method[J]. Safety Science，2017，97：10-19.

[40]　Chen F，Wang C，Wang J，et al. Risk assessment of chemical process considering dynamic probability of near misses based on Bayesian theory and event tree analysis[J]. Journal of Loss Prevention in the Process Industries，2020，68：104280.

[41]　Khakzad N，Khan F，Amyotte P，et al. Domino effect analysis using Bayesian networks[J]. Risk Analysis，2013，33（2）：292-306.

[42]　He Z，Weng W. A dynamic and simulation-based method for quantitative risk assessment of the domino accident in chemical industry[J]. Process Safety and Environmental Protection，2020，144：79-92.

[43] Jujuly M M，Rahman A，Ahmed S，et al. LNG pool fire simulation for domino effect analysis[J]. Reliability Engineering & System Safety，2015，143：19-29.

[44] Federal Emergency Management Agency. Hazus[EB/OL]. [2022-06-10]. https://www.fema.gov/flood-maps/ products-tools/hazus.

[45] Jelesnianski C P. SLOSH：Sea，Lake，and Overland Surges from Hurricanes[M]. Washington，D.C.：National Oceanic and Atmospheric Administration，1992.

[46] Roelvink J A，van Banning G. Design and development of DELFT3D and application to coastal morphodynamics[J]. Oceanographic Literature Review，1995，11（42）：925.

[47] Cruz A M. Challenges in Natech risk reduction[J]. Revista de Ingeniería，2012（37）：79-86.

[48] Krausmann E，Cruz A M. Impact of the 11 March 2011，Great East Japan earthquake and tsunami on the chemical industry[J]. Natural Hazards，2013，67（2）：811-828.

[49] Lanzano G，de Magistris F S，Fabbrocino G，et al. Seismic damage to pipelines in the framework of Na-Tech risk assessment[J]. Journal of Loss Prevention in the Process Industries，2015，33：159-172.

[50] Sengul H，Santella N，Steinberg L J，et al. Analysis of hazardous material releases due to natural hazards in the United States[J]. Disasters，2012，36（4）：723-743.

[51] Antonioni G，Bonvicini S，Spadoni G，et al. Development of a framework for the risk assessment of Na-Tech accidental events[J]. Reliability Engineering & System Safety，2009，94（9）：1442-1450.

[52] Nascimento K R D S，Alencar M H. Management of risks in natural disasters：A systematic review of the literature on NATECH events[J]. Journal of Loss Prevention in the Process Industries，2016，44：347-359.

[53] Necci A，Argenti F，Landucci G，et al. Accident scenarios triggered by lightning strike on atmospheric storage tanks[J]. Reliability Engineering & System Safety，2014，127：30-46.

[54] Milazzo M F，Ancione G，Salzano E，et al. Na-Tech in wastewater treatments due to volcanic ash fallout：Characterisation of the parameters affecting the screening process efficiency[J]. Chemical Engineering Transactions，2015，43：2101-2106.

[55] Han Z Y，Weng W G. An integrated quantitative risk analysis method for natural gas pipeline network[J]. Journal of Loss Prevention in the Process Industries，2010，23（3）：428-436.

[56] Cruz A M，Okada N. Methodology for preliminary assessment of Natech risk in urban areas[J]. Natural Hazards，2008，46（2）：199-220.

[57] Han R，Zhou B，An L，et al. Quantitative assessment of enterprise environmental risk mitigation in the context of Na-tech disasters[J]. Environmental Monitoring and Assessment，2019，191（4）：1-13.

[58] Cagno E，Caron F，Mancini M. Risk analysis in plant commissioning：The multilevel Hazop[J]. Reliability Engineering & System Safety，2002，77（3）：309-323.

[59] Khan F I，Abbasi S A. TOPHAZOP：A knowledge-based software tool for conducting HAZOP in a rapid，efficient yet inexpensive manner[J]. Journal of Loss Prevention in the Process Industries，1997，10（5/6）：333-343.

[60] Khan F I，Abbasi S A. OptHAZOP—an effective and optimum approach for HAZOP study[J]. Journal of Loss Prevention in the Process Industries，1997，10（3）：191-204.

[61] 李树谦，胡兆吉. 化工园区多米诺事故风险分析方法研究[J]. 安全生产与监督，2008（3）：56-58.

[62] McCoy S A，Wakeman S J，Larkin F D，et al. Hazid，A computer aid for hazard identification：4. Learning set，main study system，output quality and validation trials[J]. Process Safety and Environmental Protection，2000，78（2）：91-119.

[63] McCoy S A，Wakeman S J，Larkin F D，et al. Hazid，A computer aid for hazard identification：5. Future

development topics and conclusions[J]. Process Safety and Environmental Protection，2000，78（2）：120-142.

[64]　Ni H，Chen A，Chen N. Some extensions on risk matrix approach[J]. Safety Science，2010，48（10）：1269-1278.

[65]　Baybutt P. An improved risk graph approach for determination of safety integrity levels（SILs）[J]. Process Safety Progress，2007，26（1）：66-76.

[66]　Baybutt P. Using risk tolerance criteria to determine safety integrity levels for safety instrumented functions[J]. Journal of Loss Prevention in the Process Industries，2012，25（6）：1000-1009.

[67]　Khan F I，Abbasi S A. Multivariate hazard identification and ranking system[J]. Process Safety Progress，1998，17（3）：157-170.

[68]　Markowski A S，Kotynia A.“Bow-tie”model in layer of protection analysis[J]. Process Safety and Environmental Protection，2011，89（4）：205-213.

[69]　齐峰，蒋宏业，徐涛龙，等. 基于多米诺效应的输气站场保护层分析研究[J]. 油气田地面工程，2019，38（10）：64-68.

[70]　Song Q，Jiang P，Zheng S，et al. Dynamic semi-quantitative risk research in chemical plants[J]. Processes，2019，7（11）：849.

[71]　Reniers G L L，Dullaert W，Ale B J M，et al. The use of current risk analysis tools evaluated towards preventing external domino accidents[J]. Journal of Loss Prevention in the Process Industries，2005，18（3）：119-126.

[72]　Kokangül A，Polat U，Dağsuyu C. A new approximation for risk assessment using the AHP and Fine Kinney methodologies[J]. Safety Science，2017，91：24-32.

[73]　Khan F I，Iqbal A，Abbasi S A. Risk analysis of a petrochemical industry using ORA（optimal risk analysis）procedure[J]. Process Safety Progress，2001，20（2）：95-110.

[74]　Khan F I，Abbasi S A. Models for domino effect analysis in chemical process industries[J]. Process Safety Progress，1998，17（2）：107-123.

[75]　Khan F I，Abbasi S A. DOMIFFECT（DOMIno eFFECT）：User-friendly software for domino effect analysis[J]. Environmental Modelling & Software，1998，13（2）：163-177.

[76]　Cozzani V，Antonioni G，Spadoni G. Quantitative assessment of domino scenarios by a GIS-based software tool[J]. Journal of Loss Prevention in the Process Industries，2006，19（5）：463-477.

[77]　Ji J，Tong Q，Khan F，et al. Risk-based domino effect analysis for fire and explosion accidents considering uncertainty in processing facilities[J]. Industrial & Engineering Chemistry Research，2018，57（11）：3990-4006.

[78]　Jiang D，Pan X H，Hua M，et al. Assessment of tanks vulnerability and domino effect analysis in chemical storage plants[J]. Journal of Loss Prevention in the Process Industries，2019，60：174-182.

[79]　蔡玫，王秋寒. Natech 风险管理中的承灾体脆弱性评估方法综述[J]. 中国安全科学学报，2021，31（11）：9-17.

[80]　Sun D，Jiang J，Zhang M，et al. Influence of the source size on domino effect risk caused by fragments[J]. Journal of Loss Prevention in the Process Industries，2015，35：211-223.

[81]　Tugnoli A，Scarponi G E，Antonioni G，et al. Quantitative assessment of domino effect and escalation scenarios caused by fragment projection[J]. Reliability Engineering & System Safety，2022，217：108059.

[82]　Zhang L，Reniers G，Chen B，et al. Integrating the API SRA methodology and game theory for improving chemical plant protection[J]. Journal of Loss Prevention in the Process Industries，2018，51：8-16.

[83]　Chen C，Reniers G，Zhang L. An innovative methodology for quickly modeling the spatial-temporal evolution of domino accidents triggered by fire[J]. Journal of Loss Prevention in the Process Industries，2018，54：312-324.

[84]　Chen C，Reniers G，Khakzad N. Integrating safety and security resources to protect chemical industrial parks from

man-made domino effects：A dynamic graph approach[J]. Reliability Engineering & System Safety，2019，191：106470.

[85] Khakzad N，Landucci G，Reniers G. Application of graph theory to cost‐Effective fire protection of chemical plants during domino effects[J]. Risk Analysis，2017，37（9）：1652-1667.

[86] George P G，Renjith V R. Evolution of safety and security risk assessment methodologies to use of Bayesian networks in process industries[J]. Process Safety and Environmental Protection，2021，149：758-775.

[87] Khakzad N. A tutorial on fire domino effect modeling using Bayesian networks[J]. Modelling，2021，2（2）：240-258.

[88] Khakzad N，Khan F，Amyotte P. Safety analysis in process facilities：Comparison of fault tree and Bayesian network approaches[J]. Reliability Engineering & System Safety，2011，96（8）：925-932.

[89] Wu J，Bai Y，Zhao H，et al. A quantitative LNG risk assessment model based on integrated Bayesian-Catastrophe-EPE method[J]. Safety Science，2021，137：105184.

[90] 钱一潇，钱瑜. 化工园区突发多米诺事故的风险评估与管理[J]. 当代化工研究，2018（1）：5-6.

[91] 钱一潇，徐安琦，钱瑜. 粉尘爆炸多米诺效应的定量风险评估[J]. 环境科技，2018，31（3）：57-61，78.

[92] Khakzad N. Application of dynamic Bayesian network to risk analysis of domino effects in chemical infrastructures[J]. Reliability Engineering & System Safety，2015，138：263-272.

[93] Khakzad N. Modeling wildfire spread in wildland-industrial interfaces using dynamic Bayesian network[J]. Reliability Engineering & System Safety，2019，189：165-176.

[94] Zeng T，Chen G，Yang Y，et al. Developing an advanced dynamic risk analysis method for fire-related domino effects[J]. Process Safety and Environmental Protection，2020，134：149-160.

[95] Kamil M Z，Taleb-Berrouane M，Khan F，et al. Dynamic domino effect risk assessment using Petri-nets[J]. Process Safety and Environmental Protection，2019，124：308-316.

[96] Santana J A D，Orozco J L，Lantigua D F，et al. Using integrated Bayesian-Petri net method for individual impact assessment of domino effect accidents[J]. Journal of Cleaner Production，2021，294：126236.

[97] Zhou J，Reniers G. Modeling and analysis of vapour cloud explosions knock-on events by using a Petri-net approach[J]. Safety Science，2018，108：188-195.

[98] Zhou J，Reniers G. Petri-net based evaluation of emergency response actions for preventing domino effects triggered by fire[J]. Journal of Loss Prevention in the Process Industries，2018，51：94-101.

[99] Aliabadi M M，Ramezani H，Kalatpour O. Application of the bow-tie analysis technique in quantitative risk assessment of gas condensate storage considering domino effects[J]. International Journal of Environmental Science and Technology，2022，19（6）：5373-5386.

[100] Xie S，Dong S，Chen Y，et al. A novel risk evaluation method for fire and explosion accidents in oil depots using bow-tie analysis and risk matrix analysis method based on cloud model theory[J]. Reliability Engineering & System Safety，2021，215：107791.

[101] Hu K，Chen G，Zhou C，et al. Dynamic response of a large vertical tank impacted by blast fragments from chemical equipment[J]. Safety Science，2020，130：104863.

[102] Yang D，Chen G，Dai Z. Accident modeling of toxic gas-containing flammable gas release and explosion on an offshore platform[J]. Journal of Loss Prevention in the Process Industries，2020，65：104118.

[103] 王自龙，蒋勇. 某储罐区火灾多米诺效应场景推演[J]. 火灾科学，2021，30（1）：54-62.

[104] Abdolhamidzadeh B，Abbasi T，Rashtchian D，et al. A new method for assessing domino effect in chemical process industry[J]. Journal of Hazardous Materials，2010，182（1/2/3）：416-426.

[105] Rad A，Abdolhamidzadeh B，Abbasi T，et al. FREEDOM II：An improved methodology to assess domino effect frequency using simulation techniques[J]. Process Safety and Environmental Protection，2014，92（6）：714-722.

[106] He Z，Weng W. Synergic effects in the assessment of multi-hazard coupling disasters：Fires，explosions，and toxic leaks[J]. Journal of Hazardous Materials，2020，388：121813.

[107] Zhang L，Landucci G，Reniers G，et al. DAMS：A model to assess domino effects by using agent‐based modeling and simulation[J]. Risk Analysis，2018，38（8）：1585-1600.

[108] Zhang L，Landucci G，Reniers G，et al. Applying agent based modelling and simulation for domino effect assessment in the chemical industries[J]. Chemical Engineering Transactions，2018，67：127-132.

[109] Wang R，Lian F，Han Y U，et al. Classification and regional features analysis of global typhoon disaster chains based on hazard-formative environment[J]. Geographical Research，2016，35（5）：836-850.

[110] Wang J，Gu X，Huang T. Using Bayesian networks in analyzing powerful earthquake disaster chains[J]. Natural Hazards，2013，68（2）：509-527.

[111] 贾慧聪，王静爱，杨洋，等. 关于西北地区的自然灾害链[J]. 灾害学，2016，31（1）：72-77.

[112] 史培军. 三论灾害研究的理论与实践[J]. 自然灾害学报，2002，3：1-9.

[113] 王然，连芳，余瀚，等. 基于孕灾环境的全球台风灾害链分类与区域特征分析[J]. 地理研究，2016，35（5）：836-850.

[114] 万红莲，宋海龙，朱婵婵，等. 明清时期宝鸡地区旱涝灾害链及其对气候变化的响应[J]. 地理学报，2017，72（1）：27-38.

[115] Hu M. Disaster mitigation based on natural disaster chain structural model[J]. Applied Mechanics and Materials，2014，668-669：1542-1545.

[116] 刘爱华，吴超. 基于复杂网络的灾害链风险评估方法的研究[J]. 系统工程理论与实践，2015，35（2）：466-472.

[117] 朱伟，陈长坤，纪道溪，等. 我国北方城市暴雨灾害演化过程及风险分析[J]. 灾害学，2011，26（3）：88-91.

[118] Liu W，He S. Dynamic simulation of a mountain disaster chain：Landslides，barrier lakes，and outburst floods[J]. Natural Hazards，2018，90：757-775.

[119] Wolfram S. Computation theory of cellular automata[J]. Communications in Mathematical Physics，1984，96（1）：15-57.

[120] 刘辉，李鹏飞，林济铿，等. 基于元胞自动机的山火蔓延及电力线路故障概率计算新方法[J]. 中国电力，2019，52（11）：85-93.

[121] 沈敬伟，温永宁，周廷刚，等. 基于元胞自动机的林火蔓延时空演变研究[J]. 西南大学学报（自然科学版），2013，35（8）：116-121.

[122] Horsburgh K，Horritt M. The Bristol channel floods of 1607 reconstruction and analysis[J]. Weather，2007，61（10）：272-277.

[123] Kelly C. Field note from Tajikistan Compound disaster-A new humanitarian challenge？[J]. Jàmbá：Journal of Disaster Risk Studies，2009，2（3）：295-301.

[124] 中国政府网. 国土资源部部长：舟曲泥石流灾害有五方面原因[EB/OL]. [2010-08-09]. http://www.gov.cn/jrzg/2010-08/09/content_1674816.htm.

[125] Cannon S H，Gartner J E，Rupert M G，et al. Predicting the probability and volume of postwildfire debris flows in the intermountain western United States[J]. Geological Society of America Bulletin，2010，122（1/2）：127-144.

[126] Cannon S H，Gartner J E，Wilson R C，et al. Storm rainfall conditions for floods and debris flows from recently burned areas in southwestern Colorado and southern California[J]. Geomorphology，2008，96（3/4）：250-269.

第3章 Natech 事件风险评估

3.1 概　　述

我国地域辽阔，同时，我国工业化水平逐步提高，经济规模与日俱增，人口稠密地区也分布着大量的工业设施，而这些区域是自然灾害的高发区域。这些区域往往就是城市的一部分，或离城市很近，而城市的社会系统规模庞大，系统之间内在联系紧密，一旦灾害发生，后果将十分严重。在中国和其他许多发展中国家乃至发达国家，Natech 事件往往会对人们的生命安全、生态环境和财产造成难以估量的损失。

从广义上讲，Natech 事件是指由自然灾害引发的事故灾难。由于自然灾害和事故灾难的种类是多种多样的，所以其涉及的研究范围非常广阔。例如，雪灾造成输电线路覆冰，导致大范围的停电，各种因用电设备中断导致的次生衍生事故；地震导致的城市生命线系统中断，水坝溃坝，储罐失效；洪水导致的容器泄漏，有毒物质意外释放等。从狭义上讲，Natech 事件中由自然灾害导致的化工事故，因为后果更严重，对人类和环境的威胁更大，引发了人们的更普遍关注。Natech 事件的应急管理面临着许多新的问题，是人们应对单一的自然灾害或事故灾难时没有遇到过的。灾害之间的破坏作用相互耦合和叠加产生的风险，使应急管理工作面临着双重的挑战。

本章以 Natech 事件为研究对象，从揭示 Natech 事件的关联度出发，将研究 Natech 事件的成灾机理和演化规律作为切入点，建立自然灾害诱发事故灾难的风险评估方法，并结合化工区域受典型灾害影响的实例进行分析。3.2 节针对 Natech 事件中关联关系复杂的特点，构建基于共现理论的 Natech 事件关联度分析模型，提出对于化工区域选择地震、洪水、雷电引发的 Natech 事件作为下一步的重点评估对象；3.3 节对地震引发的 Natech 事件成灾机理进行分析，并基于概率函数法和场景假设，对地震影响下可能导致的设备失效后果和风险进行模拟和验证；3.4 节对洪水引发的 Natech 事件成灾机理进行分析，建立储罐在洪水中的脆弱性分析模型，并结合实际化工区域布局，对石化企业受水灾影响的事故后果预测模型进行分析，提供应急决策的科学依据；3.5 节对雷电引发的 Natech 事件成灾机理进行分析，选取雷电灾害的热效应作为切入点，建立金属储罐在雷电中的热损伤脆弱性模型，并以案例模拟研究相关灾害场景；3.6 节对本章内容进行总结。

3.2　Natech 事件关联度分析建模

Natech 事件从定义上讲，是自然灾害诱发的事故灾难，因而可以看作灾害链中的一个分支链。人们对于这种灾害链之间关联关系的认识，多来源于从事故中总结出的结论。许多学者在以往的研究工作中，总结出了一些重大、典型的灾害链。但是这些灾害链的数量是有限的，且不足以辨识自然界中千差万别的自然灾害与我们生存的社会系统中可能发生的事故灾难之间的所有关联关系。对 Natech 事件进行研究首先要从了解这种关联关系入手，因此本章将基于共现理论，建立 Natech 事件关联度分析模型，通过共现分析（co-occurrence analysis）中的共词分析方法，解决 Natech 事件知识信息不完备的问题。这有助于人们了解和认识灾害关联类型和 Natech 事件之间联系的强弱，从而做出风险的预判，减少可能发生的损失，为进一步针对 Natech 事件的风险评估工作打好基础。

3.2.1　基于共现分析的 Natech 事件耦合分析模型

1. 数据来源

本章选择的数据来源于中国知网的中国期刊全文数据库，它收录学科范围广泛，文献量大，可以保证数据来源的广泛性和可靠性。本章选定 1992~2011 年共 20 年的文献作为搜索的范围，以精确匹配的方式，在主题中检索自然灾害和事故灾难检索词的共现频次。主题包括了篇名、关键词、中文摘要，这样可以扩大检索范围，提升文献数目，从而提高数据的可靠性。

《国家应急平台体系信息资源分类与编码规范》归纳的自然灾害和事故灾难共 40 个检索词，将它们输入中国期刊全文数据库，在窗口中选择主题检索的方式，选择精确匹配，搜索 1992~2011 年的词频情况，统计结果见表 3.1。

表 3.1　词频统计表

自然灾害主题词	词频	事故灾难主题词	词频
洪水	42 345	矿难	2 860
干旱	58 990	爆炸	54 760
台风	13 587	火灾	60 265
龙卷风	2 218	道路交通事故	8 719
沙尘暴	8 849	水上交通事故	679

续表

自然灾害主题词	词频	事故灾难主题词	词频
雪灾	4 040	铁路交通事故	317
暴雨	25 860	地铁事故	65
大风	15 446	民航事故	45
冰雹	4 304	电网事故	654
雷电	12 408	燃气事故	95
地震	138 070	供水事故	13
滑坡	30 395	通信事故	26
泥石流	12 333	桥梁事故	69
崩塌	4 683	隧道事故	46
地陷	73 197	水污染	19 496
地裂	128 060	空气污染	13 118
火山喷发	2 999	森林破坏	331
海啸	9 604	微生物污染	4 181
风暴潮	2 072	辐射事故	385
赤潮	2 629	核事故	1 562

海量的数据资源是这种依据统计规律归纳事物属性方法的基础。从表 3.1 中可以直观地看到每个检索词对应的搜索结果数量，所有检索文献的总数为 759 775 篇。

词频较高的检索词反映了人们研究的热点。例如，对于自然灾害关注的前五位是地震、地裂、地陷、干旱、洪水。对于事故灾难关注的前五位是火灾、爆炸、水污染、空气污染、道路交通事故。

2. 构造共现矩阵

将 40 个主题词两两检索，得到检索词共现观察值矩阵，见表 3.2。

根据共现矩阵的数据统计得到：总共现频次共计 7848 次；共现频次大于 1 的检索词对共 127 对；共现频次等于 1 的检索词对共 45 对；无共现（共现频次为 0）的检索词对共 228 对。将所有共现频次大于 0 的数据从大到小排序，将共现频次居前 22 位的检索词进行数据整理，得到表 3.3。

表 3.2 检索词共现观察值矩阵

检索词	矿难	爆炸	火灾	道路交通事故	水上交通事故	铁路交通事故	地铁事故	民航事故	电网事故	燃气事故	供水事故	通信事故	桥梁事故	隧道事故	水污染	空气污染	森林破坏	微生物污染	辐射事故	核事故
洪水	26	113	261	3	4	0	0	0	3	0	0	0	1	0	156	17	16	3	0	5
干旱	9	19	387	1	1	0	0	0	0	0	0	0	0	0	231	33	11	3	0	1
台风	11	58	169	2	2	0	1	0	6	0	0	0	0	0	8	9	0	0	0	1
龙卷风	3	27	41	0	1	0	0	0	0	0	0	0	0	0	2	2	0	0	0	2
沙尘暴	5	19	53	0	0	0	0	0	0	0	0	0	0	0	31	90	4	1	0	0
雪灾	35	13	58	2	0	0	0	0	2	0	0	0	0	0	5	3	1	0	0	1
暴雨	10	63	122	4	2	0	0	0	2	0	0	1	0	0	47	7	5	1	0	0
大风	1	31	133	3	10	0	0	1	1	0	0	0	0	0	0	24	0	0	0	0
冰雹	3	25	63	0	0	0	0	1	0	0	0	0	0	0	2	3	0	0	0	0
雷电	1	197	290	0	0	1	0	1	7	0	1	0	0	0	2	6	0	0	0	0
地震	109	1001	1039	16	0	2	0	0	3	1	1	1	1	1	49	20	2	1	1	158
滑坡	12	83	128	2	0	0	0	0	0	0	0	0	0	0	16	7	1	0	0	0
泥石流	24	80	149	2	0	1	0	0	0	0	0	1	0	0	22	6	1	0	0	1
崩塌	2	38	16	0	0	0	0	0	0	0	0	0	0	0	9	4	1	0	0	0
地陷	18	186	84	11	0	1	2	0	0	0	0	0	0	1	44	18	0	0	0	4
地裂	10	590	134	24	0	2	0	0	1	0	0	0	1	0	21	8	1	1	0	1
火山喷发	2	54	24	0	0	0	0	0	0	0	0	0	0	0	1	2	0	0	0	0
海啸	19	198	119	0	0	1	0	0	1	0	0	0	0	0	6	6	0	0	0	117
风暴潮	0	5	21	0	0	0	0	0	0	0	0	0	0	0	5	6	0	0	0	1
赤潮	0	1	14	0	0	0	0	0	0	0	0	0	0	0	30	3	1	2	0	0

表 3.3　共现频次排序表

排序	自然灾害	事故灾难	共现频次
1	地震	火灾	1039
2	地震	爆炸	1001
3	地裂	爆炸	590
4	干旱	火灾	387
5	雷电	火灾	290
6	洪水	火灾	261
7	干旱	水污染	231
8	海啸	爆炸	198
9	雷电	爆炸	197
10	地陷	爆炸	186
11	台风	火灾	169
12	地震	核事故	158
13	洪水	水污染	156
14	泥石流	火灾	149
15	地裂	火灾	134
16	大风	火灾	133
17	滑坡	火灾	128
18	暴雨	火灾	122
19	海啸	火灾	119
20	海啸	核事故	117
21	洪水	爆炸	113
22	地震	矿难	109

从表 3.3 中可以看出，共现频次居前五位的是：地震-火灾（1039）、地震-爆炸（1001）、地裂-爆炸（590）、干旱-火灾（387）、雷电-火灾（290）。

3. Jaccard 指数和 Salton 指数

前文对自然灾害和事故灾难各检索词的共现次数进行了统计，但这一结果往往受到每一类中检索词自身频次的影响。为了消除这一影响，可以引入关联度的概念，表征共现的相对强度。

关联度是对象之间相关性的测度，这些对象的特征是具有分散属性[1]。关联度的分析有很多方法，如包容指数、相似指数和等价指数等[2]。这些研究方法多见于早期的研究中，现在用于分析词语间关联度的主要方法有戴斯（Dice）指数 D_{ij}、雅卡尔（Jaccard）指数 J_{ij} 和索尔顿（Salton）指数 S_{ij}，指数表示了词语的共现率，如下：

$$D_{ij} = \frac{2c_{ij}}{c_i + c_j} \tag{3.1}$$

$$J_{ij} = \frac{c_{ij}}{c_i + c_j - c_{ij}} \tag{3.2}$$

$$S_{ij} = \frac{c_{ij}}{\sqrt{c_i \times c_j}} \tag{3.3}$$

式中，c_i 为词语 i 出现的频次；c_j 为词语 j 出现的频次；c_{ij} 为两个词语的共现频次。

Egghe[3]对相似算法（包括上述三种）进行了比较分析，发现除 Jaccard 之外，其他算法都与 Salton 指数有线性相关性。所以本章的关联度指数计算选择了 Jaccard 指数和 Salton 指数，这两个指数的范围为 $0 \leqslant J_{ij} \leqslant 1$，$0 \leqslant S_{ij} \leqslant 1$。

1）Jaccard 指数

根据上述公式可以得到 Jaccard 指数矩阵，将 Jaccard 指数（简称 J 指数）按从大到小排序，J 指数最高的是海啸-核事故（1.06%）；接下来依次是地震-火灾（0.53%）、地震-爆炸（0.52%）、雪灾-矿难（0.51%）、沙尘暴-空气污染（0.41%）。

2）Salton 指数

根据上述公式可以得到 Salton 指数矩阵，将 Salton 指数（简称 S 指数）按从大到小排序，S 指数最高的是海啸-核事故（3.02%）；接下来依次是地震-爆炸（1.15%）、地震-火灾（1.14%）、地震-核事故（1.08%）、雷电-火灾（1.06%）。

从总体上看，两个指数表征的趋势是一致的。Jaccard 指数和 Salton 指数可以使本来关系就密切的检索词显得更密切，使本来关系就疏远的显得更疏远[4]。

4. 共现结果关联度分析

本章以 Jaccard 指数为基础，由于其数值较小，因此先通过归一化处理，然后来评价自然灾害和事故灾难之间的关联度。归一化公式如下：

$$y = \frac{x - J_{\min}}{J_{\max} - J_{\min}} \tag{3.4}$$

式中，x 为得到的初始 Jaccard 指数；$J_{\max}$ 为最大 Jaccard 指数，取 1.0589；$J_{\min}$ 为最小 Jaccard 指数，取 0。将归一化得到的关联度结果排序，前 22 位排序见表 3.4，作为关联度参数。所有计算得到的关联度（不限于表 3.4 中的关联度）平均数为 0.026，中位数为 0。中位数的意思是在一组数据中居于中间的数，即在这组数据中，有一半的数据值比它大，有一半的数据值比它小。

表 3.4　自然灾害与事故灾难之间的关联度

排序	自然灾害	事故灾难	关联度
1	海啸	核事故	1.0000
2	地震	火灾	0.4970
3	地震	爆炸	0.4924
4	雪灾	矿难	0.4811
5	沙尘暴	空气污染	0.3881
6	雷电	火灾	0.3779
7	干旱	火灾	0.3070
8	地裂	爆炸	0.3053
9	海啸	爆炸	0.2909
10	干旱	水污染	0.2783
11	雷电	爆炸	0.2773
12	洪水	火灾	0.2403
13	洪水	水污染	0.2383
14	台风	火灾	0.2161
15	泥石流	火灾	0.1937
16	大风	火灾	0.1656
17	海啸	火灾	0.1606
18	泥石流	矿难	0.1488
19	海啸	矿难	0.1436
20	地陷	爆炸	0.1369
21	暴雨	火灾	0.1334
22	滑坡	火灾	0.1329

从表 3.4 中的排序可以看出，火灾、爆炸、有毒物质泄漏（水污染、空气污染）是事故灾难中受关注程度较高的。而储存可能产生火灾、爆炸或者具有毒性的物质的地点，多为化工区域。因此化工区域一旦发生此类事件，可以说是自然灾害诱发事故灾难的事件中，后果严重、影响人们生活程度比较大的，历史的案例统计也可以证明这点。为了进一步辨析化工区域的潜在事故源载体与自然灾害的关联情况，我们选取了"储罐"作为检索词，自然灾害的检索词仍然沿用上文中的 20 个进行检索，其他条件不变，得到共现频次排序前三位：地震-储罐（220），

雷电-储罐（24），洪水-储罐（6）。其中，在地震事件中加入了地陷、地裂，洪水事件中加入了暴雨。因为从成因机理考虑，以上灾害具有一定的相似性或内在逻辑关系。在后面的章节中，将选择地震、洪水、雷电引发的 Natech 事件作为重点评估的对象。

3.2.2　共现分析在 Natech 事件风险评估中的应用

共现分析的方法论科学、数据结果客观。只要通过合适的统计策略就可以将其应用在 Natech 事件关联的识别中，从而为 Natech 事件的风险评估打好基础。另外，由于受到自然语言理解（如同义词）和文本处理的主、客观因素影响，方法存在一定的误差。例如，有些检索词可能选取得不够规范，或这一领域本就没有通用的表达词汇，或检索词随年代不同有了变化和发展，这些都可能对共现分析的结果产生一定的影响。还可能存在文献被标引并录入数据库的时间与文献实际发表的时间有延迟的情况。

在实际应用中，对评估区域易受的自然灾害进行共现分析，辨识该自然灾害可能诱发的事故灾难，并将潜在的事故源载体在城市管理的地理信息系统上进行展示，可得到 Natech 事件耦合的直观认识，作为下一步进行缓冲区分析的依据。

3.3　地震引发的 Natech 事件风险评估

地震具有突发性强、破坏性大的特点，是最常见的自然灾害之一。我国地域辽阔，有多条地震带分布，是地震频发的国家。在地震引发的事故灾难中，有生命线系统的破坏，包括能源系统（电力、煤气系统）、通信系统（邮电、广播、电视、计算机网络系统）、交通系统（道路、铁路、水运、航空运输系统）、给排水系统（给水、排水系统）等；还可能引发石油、化工行业的火灾、爆炸和有毒物质泄漏；以及核事故和矿山安全事故等。

根据 3.2 节中对 Natech 事件关联度的分析，结合历史案例可以发现，地震引发化工区域的事故灾难后果最为严重，发生频率较高。此外，从危化品建设项目设立安全评价的角度引入自然灾害对工艺设备失效概率的影响，也是 Natech 事件研究中一个重要的议题。因此本节对地震引发的 Natech 事件进行定量化风险评估，重点从对化工区域的地震危险性辨识、地震引发设备失效的风险分析模型和基于场景的实例验证三个方面开展相关的研究。

3.3.1 地震危险性辨识

地震的危险性包括地震自身的性质以及地震对工业设备造成的破坏两个方面。其中，地震自身的性质包括强度与概率两个部分，强度可从震级和烈度两个方面考量；而概率也对应地有震级概率、烈度概率等。

1. 地震强度

地震震级是表征地震大小或强弱的指标，是地震释放能量多少的尺度，它是地震的基本参数之一。国际上通用的是里氏震级，其定义由 1935 年美国地震学家里克特给出。

地震烈度是指在特定地点感受到的地震强烈程度，是某次地震对某地点影响程度的一种度量。对于一次地震，表示地震大小的震级只有一个，但它对不同地点的影响是不一样的。一般来说，距离震中的远近不同，烈度就有差异，距震中越远，地震影响越小，烈度就越低；反之距震中越近，烈度就越高[5]。一般有两种观点描述地震烈度等级，下面进行逐一介绍。

1）基于实际感觉的观点

基于实际感觉的观点是以描述震害宏观现象为主，根据建筑物的损坏程度、地貌变化特征、地震时人的感觉、家具动作反应等方面对地震烈度进行区分。除了日本采用 0～7 度分成 8 等的日本气象厅（Japan Meteorological Agency，JMA）烈度表、少数国家（如欧洲一些国家）用 10 度划分的地震烈度表外，绝大多数国家包括我国都采用分成 12 度的麦氏地震烈度表。

2）基于工程观点

（1）以加速度为基础的地震强度。对于弹性不大的构造物，地震对这类建筑物的影响主要取决于最大加速度。对于弹性构造物，如烟囱、高层建筑物、高拱坝则不能只考虑最大加速度，地动的频率、位移、速度和波形都会有影响。通常用地震最大加速度值和重力加速度值之比来代表。

（2）以速度为基础的地震强度。冈本舜三[6]曾根据美国的地震数据推导强震记录和地震损坏之间的关系。结果发现，地震损坏和加速度大小及周期均有关联。波谱强度后被提出用来衡量这一震动能量。

2. 地震概率

1）超越概率评估法

超越概率评估法是较为常用的地震概率分析方法之一，它对数据资料的要求比较高，主要步骤包括：①搜集和整理该地区与地震相关的历史数据资料；②对地震动参数衰减和震级频率的关系综合衡量，通过概率模型确定所求地震动参数超越值的概率，并以此来反映该地区的地震危险性，进一步开展评估工作。

最为主流的概率模型是均匀泊松（Poisson）模型。在该模型下，风险区地震动参数 A 超过某一给定值 a 的年发生概率为

$$P_1(A \geq a) = 1 - \exp\left\{ -\sum_{i=1}^{n} \gamma_i P(A \geq a \mid E_i) \right\} \tag{3.5}$$

式中，a 为所给定的地震动参数；n 为地震震源个数；E_i 为第 i 个地震震源发生地震的场景；γ_i 为震源 i 的地震年平均概率；$P(A \geq a \mid E_i)$ 为第 i 个地震震源发生给定震级的地震时，地震风险在该地区 $A \geq a$ 的条件概率。

在震害预测时需要的是烈度或地震动参数发生的概率，因此可由超越概率求得发生概率[7]。设计基准期 T 年（50年）内发生 $A = a$ 的概率为

$$P = (A = a \mid T) = P(A \geq a \mid T) - P(A \geq a+1 \mid T) \tag{3.6}$$

式中，a 为给定的烈度或地震动参数；$P(A \geq a \mid T)$、$P(A \geq a+1 \mid T)$ 可根据地震危险性曲线求得。

2）发生频率评估法

该地区发生给定加速度值的地震的频率可以用来表示地震概率的大小，也常用震级来代替加速度值表达强度，如震级 ≥ 5 的地震频率。例如，用返回周期（次/年）表示频率。该方法计算简便，适用于数据资料缺乏的情况下。但是在有充分资料的条件下，应尽可能采用超越概率评估法进行地震概率分析[8]。由于这部分不是本章内容的重点，不再进行深入介绍。

地震带区域发生的破坏性地震造成的储罐灾害可以分为直接灾害和次生灾害。

3. 储罐直接灾害

储罐直接灾害一般是由震动或断层错动等物理上的原生地震现象导致的，主要形式有以下四种[9]。

1）罐壁的损坏

大型的金属储罐，相比于它的其他尺寸，罐壁的厚度往往较薄。在地震中发生屈曲是较为常见的，按照表现形式不同可分为象足凸鼓和菱形折皱。有许多学者探究了这两种现象形成的原因：在地震发生时产生的水平力作用下，由于储罐体积巨大，储液受力的作用而发生晃动，可能发生翘离倾向一侧，罐壁在这一侧承受的应力过大，发生屈曲失稳。水平力的方向不断变化，屈曲的部位也相应扩展，直到形成弧形或环形。局部向外凸起，于是得到了一个形象的名字"象足"。上面提到力的方向是一种较为规律的变化，当其重复作用在某一位置保持不变时，

可能导致罐壁在这一局部位置的支撑不足，金属扭曲不断发展，而产生类似于菱形的"疲劳"现象。

2）罐顶的破坏

罐顶破坏这种损坏形式常见于固定顶储罐中，也是由于地震原生力的作用导致顶部盖子与罐壁铰接处开裂或屈曲。传导这一力的作用的载体可能是储罐本身或罐中液体。

3）罐底、锚固连接处等破坏

储罐作为一个整体，也存在着许多薄弱的部位，如与地面锚固的连接处、一些金属焊缝等。在地震发生时，也可能受到垂直方向力的作用。向上的力可能将储罐提离地面，向下的力可能使储罐破坏，地基发生沉降等。

4）储罐上与其他附件的接头处破坏

这些局部的破坏也多是由于地震释放能量，产生的原生力的作用，水平和垂直方向的力都有可能造成这类破坏。

4. 储罐次生灾害

储罐次生灾害是指自然灾害发生后引发的储罐失效，常见的有火灾、爆炸、液体或气体泄漏造成的环境污染等，损失有时会超过自然灾害本身。

5. 地震引起储罐失效的原因分析

对于不同的储罐类型，其震害的破坏方式也有区别[10]。体积较大的储罐，由于其所盛装的液体质量巨大，传导地震能量的同时对罐体本身造成了破坏。体积较小的储罐作为一个整体，质量也较小，在地震中发生倾覆的可能性更大。储罐的其他特征尺寸，如高度和直径之比也是受地震影响的特征参数。高度和直径之比大的储罐，由于重心较高，更容易在地震中失稳。其他的一些场外因素，如地基强度、建设时的施工质量和运行工况与维护等都会影响储罐在地震中的表现。

在储罐抗震理论方面，许多学者开展了相关的研究[11]，可归纳如下：①薄壳结构的动力特性复杂，曲率方程涉及因素繁多；②储液的质量和高度都影响了其动力特征，且都是不定因素；③储罐越做越大，增加了局部震动力理论分析的难度，相似实验也难以开展；④不同形式的耦联广泛存在于震动过程、物理接触、周期、荷载和压力等方面。

3.3.2　地震引发设备失效的风险分析模型

地震灾害中，储罐可能会发生失效而泄漏，进一步引发火灾、爆炸、水和空气污染事故。为了评估潜在事故源载体——储罐在地震中损坏的概率 P_{DS}，常见的方法主要有三种：概率函数法、基于经验数据法和最坏假设法。本节采用概率函数法进行定量的风险评估。

首先对设备失效后果的严重性进行分级，用破坏程度（damage states，DS）来表示，划分为三个等级。

DS1：目标设备受到地震的轻微影响，发生泄漏的可能性可以忽略不计。

DS2：结构轻微破坏，设备连接破裂，容器部分失效，导致容器发生危化品泄漏，泄漏完的时间超过 10min。

DS3：设备发生大规模的结构破坏，在 10min 内全部存量泄漏完毕。

储罐受地震影响发生破坏的概率受到地震峰值加速度、储罐是否锚固和储液高度等因素的影响。相关的计算参数见表 3.5。概率单位变量 Y 的计算公式如下，概率函数和脆弱性曲线的实质是等价的：

$$Y = k_1 + k_2 \ln(\text{PGA}) \tag{3.7}$$

式中，Y 为概率单位变量，取值为 0～10，其与百分率的换算见表 3.6[12]；k_1、k_2 为系数值，根据不同设备和储罐状态有所不同；PGA 为地震的峰值加速度，m/s²。

表 3.5　常压储罐在地震中的脆弱性计算概率单位变量[11]

储罐类型	储存量	损坏等级 DS	k_1	k_2
未固定的 常压储罐	装满	≥2	2.28	1.08
	装满	=3	−0.833	1.25
	≥50%	≥2	5.69	0.39
	≥50%	=3	−0.83	1.25
固定的 常压储罐	装满	≥2	−0.06	1.49
	装满	=3	−2.43	1.54
	≥50%	≥2	−1.44	1.25
	≥50%	=3	−2.42	1.25

表 3.6　概率单位变量与百分率的换算

百分率/%	0	1	2	3	4	5	6	7	8	9
0	—	2.67	2.95	3.12	3.25	3.36	3.45	3.52	3.59	3.66
10	3.72	3.77	3.82	3.87	3.92	3.96	4.01	4.05	4.08	4.12
20	4.16	4.19	4.23	4.26	4.29	4.33	4.36	4.39	4.42	4.45
30	4.48	4.50	4.53	4.56	4.59	4.61	4.64	4.67	4.69	4.72

百分率/%	0	1	2	3	4	5	6	7	8	9
40	4.75	4.77	4.80	4.82	4.85	4.87	4.90	4.92	4.95	4.97
50	5.00	5.03	5.05	5.08	5.10	5.13	5.15	5.18	5.20	5.23
60	5.25	5.28	5.31	5.33	5.36	5.39	5.41	5.44	5.47	5.50
70	5.52	5.55	5.58	5.61	5.64	5.67	5.71	5.74	5.77	5.81
80	5.84	5.88	5.92	5.95	5.99	6.04	6.08	6.13	6.18	6.23
90	6.28	6.34	6.41	6.48	6.55	6.64	6.75	6.88	7.05	7.33

在传统的风险定量评估中，概率函数有关的数据遵循对数正态分布，它比脆弱性曲线使用范围更广。概率单位变量 Y 和独立变量 V 是线性相关的，服从对数正态分布。式（3.8）是概率单位变量 Y 和损坏概率 P_{DS} 之间的关系：

$$P_{DS} = \frac{1}{\sqrt{2\pi}} \int_{-\infty}^{Y-5} e^{-V^2/2} dV \qquad (3.8)$$

由此可以计算出储罐在地震中的损坏概率。

在进行风险分析之后，需要对事故后果的风险予以表达。对于定量化的风险评估来说，致灾的危险方式不同对人员、财产和环境造成的损失的度量方法也各不相同。一般来说，衡量风险通常主要考虑环境风险、财产风险和人员风险[13]。环境风险指事故对周围环境带来的破坏。对于化工区域的 Natech 事件，往往伴随着物理化学危险和生物化学危险的聚结，并通过生物和非生物降解达到平衡，如水质污染和空气污染。财产风险指生产损失和设备破坏。生产损失主要考虑由事故造成的企业生产影响；设备破坏可能是局部的或者是整体的。人员风险包括个人风险和社会风险，是本章风险度量的主要依据。

3.3.3　案例研究

以实际的化工区域布局为背景，见图 3.1。初始条件假设：地震的平均返回周期 500 年，即 $f = 2 \times 10^{-3}$；$PGA = 0.22g$；均一的人口密度为 600 人/km²。研究对象为储罐 Tank1～Tank7。其他关于储罐类型、属性和灾害情景的假设等见表 3.7。按照前文所述的方法，可以计算得到未固定储罐的损坏概率为 $P_{(DS)un} = 0.0245$；固定储罐为 $P_{(DS)an} = 0.0038$。进一步计算考虑地震影响的储罐失效概率，未固定储罐为 $f_{(R)un} = 4.9 \times 10^{-5}$；固定储罐为 $f_{(R)an} = 7.6 \times 10^{-6}$。不同属性的储罐在地震中的概率单位变量取值见表 3.8。

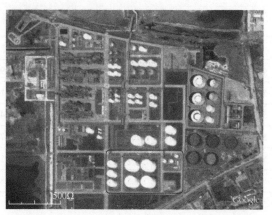

(a) 总分布图

(b) 研究区域

图 3.1　化工区域储罐分布示意图

表 3.7　地震算例——储罐的相关参数和灾害情景设置

单元	储罐类型	物质	储量/(t/个)	泄漏情况	事故类型	故障频率/(次/年)
Tank1～Tank3	常压（固定/未固定）直径 $D=25\text{m}$	汽油	40	灾难性泄漏	池火	3.1×10^{-7}
Tank4～Tank7	常压（固定/未固定）直径 $D=50\text{m}$	汽油	100	灾难性泄漏	池火	3.1×10^{-7}

表 3.8　不同属性的储罐在地震中的概率单位变量取值

场景	目标	概率方程	危险量	危险量单位
地震	常压未固定储罐	$Y = 4.924 + 1.25\ln D$	PGA	g
	常压固定储罐	$Y = 4.662 + 1.54\ln D$	PGA	g
	高压储罐	$Y = 5.146 + 0.884\ln D$	PGA	g

注：Y 为概率单位变量；D 为危险量，PGA 为地震峰值加速度。

　　事故后果分析主要是通过一些理论模型来预测事故的影响范围。场景假设以池火为例，采用池火模型[12]计算其热辐射值，进而计算个人风险分布情况。

池火灾采用圆柱形火焰和池面积恒定假设，火焰半径 R_f 即储罐半径 R：

$$R_f = R \tag{3.9}$$

火焰高度 L 为

$$L = 84 R_f \left(\frac{m_f}{\rho_0 \sqrt{2 g R_f}} \right)^{0.61} \tag{3.10}$$

式中，m_f 为燃料的燃烧速率，kg/(m²·s)，汽油取 85；ρ_0 为空气密度，kg/m³，取 1.205；g 为重力加速度，m/s²。

火灾持续时间 t 为

$$t = \frac{W}{m_f \pi R_f^2} \tag{3.11}$$

式中，W 为燃料质量，kg（假设全部发生燃烧）；假设全部辐射能量由液池中心点的小球面辐射出来，则总热辐射通量 Q 为

$$Q = \left(\pi R_f^2 + 2 \pi R_f L \right) M_f \eta H_c / \left(72 m_f^{0.61} + 1 \right) \tag{3.12}$$

式中，Q 为总热辐射通量，kW；M_f 为实际参与燃烧的燃料质量，kg；η 为效率因子，可取 0.13~0.35，此处取 0.25；H_c 为燃烧热，kJ/kg，汽油取 48 000。

在距离池中心某一距离 x 处的入射热辐射强度为

$$I = \frac{Q t_c}{4 \pi x^2} \tag{3.13}$$

式中，I 为热辐射强度，kW/m²；t_c 为热传导系数，设为 1；x 为实测的距离，m。

计算可得热辐射强度值，进一步确定辐射对人员伤害的个人风险值，计算结果见图 3.2。计算区域面积为 3000m×3000m，网格尺寸为 10m×10m。

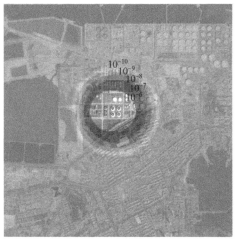

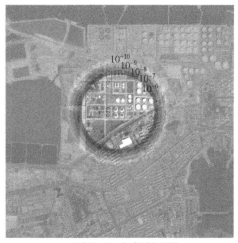

(a) 未考虑地震风险　　　　　　　　　　(b) 考虑地震风险-未固定储罐

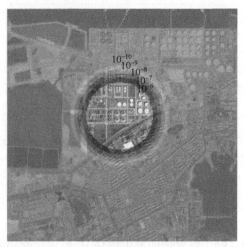

(c) 考虑地震风险-固定储罐

图 3.2　个人风险分布图

　　根据个人风险的计算结果可得出：地震能引起个人风险显著增加，以 1.0×10^{-6} 为标准，原来在可接受风险区域内的周边居民区，在考虑地震引起的储罐失效风险后变得不可接受。地震中未固定储罐失效引起的风险略大于固定储罐。

　　导致人员死亡的风险通过个人风险来衡量，实际上人们关心的往往是整个事故对社会造成的后果。对于社会风险的计算结果，我们选择部分灾害场景绘制社会风险 F-N 曲线图，见图 3.3。

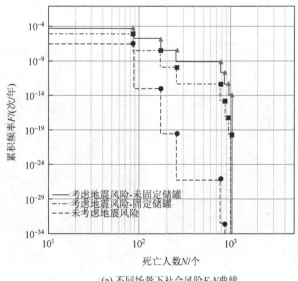

(a) 不同场景下社会风险F-N曲线

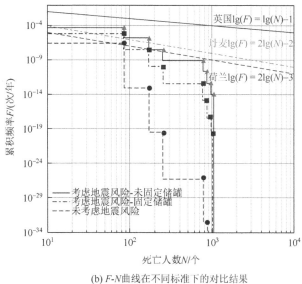

(b) *F-N*曲线在不同标准下的对比结果

图 3.3　社会风险 *F-N* 曲线

由此可见在考虑地震影响后，由于地震导致的风险要比设备内部失效造成的风险高出几个数量级，这将引起社会风险显著增加。以最为严格的荷兰不可容忍线为标准：不考虑地震影响时，失效风险尚没有进入不可容忍区，考虑地震引起的储罐失效后，风险变得不可容忍，必须采取措施改进。还可以发现，地震中未固定储罐失效引起的社会风险大于固定储罐，应对其重点关注。

3.4　洪水引发的 Natech 事件风险评估

洪水灾害属于气象灾害的一种，发生频繁，影响范围大，制约着人类的生产和生活。降雨方式的改变、频发的极端事件、土地用途的改变以及因社会经济需要而对洪水易发区进行的开发都使洪水的风险和危害性不断提高。人类的生命、财产、环境和社会经济受到的洪水威胁在日益增加，以往人们对洪水灾害影响的研究往往将重点放在洪水对建筑物、基础设施的损坏及其所带来的经济损失和人员伤亡上，而忽略了洪水引发的 Natech 事件对环境的破坏风险。本节将对此类事件开展风险辨识和评估工作，并以化工区域为重点研究对象，对其受洪水影响后可能导致的灾害场景进行分析，预测事故的风险和后果，为涉及洪水引发的事故灾难决策管理提供科学依据。

3.4.1 洪水危险性辨识

如 3.3 节所述，洪水的危险性同样也包含其自身性质及其对工业设施造成的破坏。洪水自身的性质包含强度与频率两部分。

1. 洪水强度

刻画洪水强度常见的三要素有洪峰水位、洪水总量、洪水历时[14]。在科学研究和工程实践中，除洪水三要素指标外，还常常用洪水水深、洪水淹没范围、洪水水流速度等指标来描述洪水强度，甚至用洪水等级这一综合性指标来描述洪水强度。

最常见的洪水强度指标是淹没水深。水深为洪水灾害中影响最大的因素，Penning 和 Fordham[15]、Wind 等[16]对其进行了研究和测量。

洪水强度的另一个重要标准为水流速度，发生在山区的洪水往往具有高流速，因此对建筑和基础设施等会造成重大伤害。但速度的空间分布往往难以计算，因此，往往需要使用大量数据和处理时间的二维流体动力学模型。

其他洪水强度指标还有洪水持续时间和水位上升速度，这些参数的计算往往需要使用洪水波上升及下降的水文模拟模型。

近年来，数字高程模型（digital elevation model，DEM）也被用于对洪水进行危险性分析，它可以估算洪水可能淹没的范围及水深分布。

2. 洪水频率

在水利科学中，洪水强度大小常用洪水三要素之一（如洪峰流量或洪水总量）出现的超越概率（或频率）来表示，也可表达为重现期。重现期是指某随机变量的取值在长时期内平均多少年出现一次，又称多少年一遇[17]。例如，百年一遇的洪水，是指出现大于或等于该洪水的洪峰流量或洪水总量的概率为 1%。可以通过洪水灾害图谱来展示具有不同重现期的洪水，如 10 年、20 年、50 年、100 年、200 年、1000 年一遇等。

人类出于工程需要或环境需要对河流和海岸进行的改造，改变了流域土地用途，导致了气候变化，而且改变了洪水的发生频率。

洪水灾害危险性分析的常用方法有水文水力学方法、数理统计方法、灰色理论方法、模糊数学方法、故障树法、系统仿真方法等[18, 19]。下面介绍其中的两种。

（1）水文水力学方法：根据不同的降雨过程，通过流域汇流模型，以及一维（二维）洪水演进模型的数值模拟计算，推求相应洪水过程可能淹没的范围、淹没深度和历时等洪水指标及其概率分析曲线。该方法需要详尽的流域地形、地貌、植被等信息，对数据的完整性要求较高。

（2）数理统计方法：洪水的发生具有一定的随机性，因此可作为随机变量，利用数理统计方法分析，主要有回归分析法和时间序列分析法两种。回归分析法是根据历史样本资料建立回归方程，一般只适用于近期的洪水预测。时间序列分析法将时间序列分解为趋势项、周期项和随机项，一般来说，对于月或年时间尺度的水文时间序列，用自回归模型较好。

洪水造成的灾难包括交通运输线路破坏和中断；供电、通信、输油、输气、输水管线的破坏和中断；石油化工企业的设备破坏等。

洪水冲刷及高水位可能破坏或摧毁房屋、工业中心等。受破坏的物体将排放浮游物及化学物等有害物质，并在洪水中扩散，对洪涝区内的居民及生态系统造成影响。工业设施在洪水中受到破坏，例如，储罐倒地且大量污染物排出就属于这种情况。这些污染物可能是浮在水面上的一层石油或是在河底地表上移动的一层重质非水相液体[20]。这些污染物可能会对植物群、动物群和人类构成重大威胁，也可能会对城市饮用水管道等（地下）管道系统造成难以消除的污染。洪水中的潜在事故源载体种类十分多样，包括工厂、垃圾场、化肥厂（除草剂、杀虫剂）、加油站油罐等。

Kelman 和 Spence[21]将洪水带来的诸多影响称为"洪水作用"，并对其进行了归类和分析。洪水作用包括碎片撞击，化学污染物的腐蚀，波浪引起的水流静压力变化，破碎波产生的压力、浮力的抬升作用以及对地基的冲刷。三种常见的洪水作用见图 3.4。

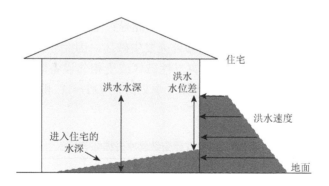

图 3.4　三种洪水作用图

第一种洪水作用为水浸损坏，这种损坏因房屋材料浸水而产生，与水流的外力无关。传统上，针对这种洪水作用的研究一般假设洪水上升缓慢，不至于对房屋产生外力冲击，重在探讨最终洪水水深与房屋损坏之间的函数关系。

第二种洪水作用为因封闭建筑内外洪水的上升速度不同而导致的内外水位差。

第三种洪水作用是水流作用在房屋墙壁上的动压力。封闭的建筑会因外部积水并因承受水位差和水流冲击而产生侧压力。

洪水对结构物的危害与下列因素有关[22]：①结构的型式、强度和高度；②淹没水深；③水流的作用力；④漂浮物对结构的碰撞；⑤洪水入侵后，"潮湿"对结构及其内部物品的不利影响。

洪水对建筑物的作用主要分为四种[23]：①冲击作用，主要表现在分洪或溃堤时，急泻而下，但其作用范围小，历时短；②浸泡作用，会使砌体房屋的砌块与砂浆软化、酥松，降低或失去黏结作用；③波浪作用，在浸没期内如遇大风天气，浪随风生，建筑物将受到波浪荷载的作用，表现为波浪的动水压力；④退水效应，浸泡过的建筑地基土在阳光照射下，土体结构发生变化，应力重新分布，产生不均匀沉降而引起上部结构的倾斜，导致结构构件开裂等。

3.4.2　洪水引发设备失效的风险分析模型

在洪水灾害中，储罐的损失情况和储罐结构的特征有密切关系。储罐可以按照以下特征分为三类：①垂直圆柱，$D/H > 1$，常压储罐（D 为直径，H 为高度）；②垂直圆柱，$D/H < 1$，常压和加压储罐；③水平圆柱，常压和加压储罐。

洪水可能造成冲击破坏的类型有三种：①浸渍，水流速度可以忽略；②低速波浪，水流速度小于 1m/s；③高速波浪，水流速度大于 1m/s。

参考传统的储罐失效事件泄漏风险评估[24]，将可能的损失程度分为三级。RS = 1：表示仅对储罐产生轻微的影响，因此导致危化品发生轻微泄漏（相当于10mm 当量直径的孔）。RS = 2：储罐外壳发生破坏，因此导致危化品持续泄漏事故（>10min）。RS = 3：储罐发生灾难性破坏或受相邻设备影响，因此导致危化品完全泄漏（<2min）。对于压力容器（垂直圆柱 $D/H < 1$ 和水平圆柱），受洪水冲击的损坏等级见表 3.9。

表 3.9　压力容器受洪水冲击损坏等级

水流情况	结构破坏类型	损坏等级
浸渍	法兰连接失效	RS1
中速波浪	法兰连接失效	RS1
高速波浪	法兰连接失效	RS1
	外壳破裂	RS2
	受连接设备影响	RS3

在公开的资料中，洪水对储罐破坏的数据信息很难获取。文献中也极少有关于储罐在水灾中的脆弱性模型。本章参照 Cruz 等[25]提出的简化模型，以淹没深度和水流速度作为判定的主要参数，见图 3.5。概率判定可起到对潜在事故的指示作用，但并不能作为一定发生的依据。在浸渍状态下，对设备的破坏一般限于法兰连接的失效，这主要是由于没有锚固的空储罐，或几乎为空的储罐和与其连接的管道等受浮力的影响。

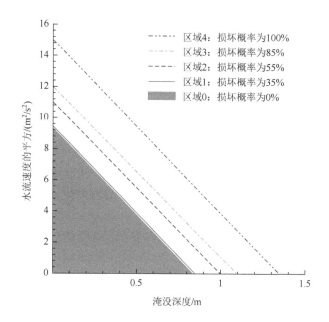

图 3.5　储罐在洪水冲击作用下的损坏概率

此外，对于结构损坏、失效导致危化品泄漏的情况，参照 TNO 建筑工程研究部的测量结果[20, 25]，给出如下的破坏估计阈值。

（1）高水位状态：淹没深度 $h > 1\text{m}$，最小水流速度要求 $v = 0.25\text{m/s}$。

（2）高流速状态：水流速度 $v > 2\text{m/s}$，淹没深度 $h = 0.5\text{m}$。

（3）高风险状态：$h \geq 1\text{m}$，$v \geq 1\text{m/s}$。

在高水位低流速状态下，浮力荷载为主要的破坏因素。这里假设水位漫过了储罐周边的防护堤。这些防护堤本身是为防止罐内物质泄漏，而不是为防止洪水设立的。但只要防护堤结构还完整，就可以在一定程度上起到防止洪水淹没的作用。在高流速状态下，破坏主要是由于土壤侵蚀和局部冲刷，也可能伴有漂浮物的剧烈撞击。高风险状态则是多种破坏因素兼而有之。

3.4.3　河水污染模型

洪水诱发的 Natech 事件中，常见的情况是以河流作为载体，泄漏的化学品导致了地表水系的污染。自然灾害中暴雨径流及洪水可能导致落地油、输油或储油设施被冲垮使污染物入河，同样的情况也可能发生在其他化工设备中。根据以往文献的分析，对于特定的需求或特定的地表水系，已有多种不同的地表水模型。这些模型中，既有非常简单的数学方程模型，其中物质在河水中的浓度根据特定流出物中的浓度除以特定的稀释因子得到；也有高度复杂的模型，如用于预测整个河水或整个水系中物质浓度的模型。在简单的模型中，忽略了化学物质排放至水体后的移除过程，而在更加复杂的模型中，则对挥发、吸附、沉淀及生物和非生物降解等过程进行了评估。

本节将研究不同化学品泄漏污染水系的评估模型，也对水体模型的数据需求进行讨论。

泄漏的化学品排放到地表水中并不会瞬时混合。河流中的湍流会导致泄漏的化学物质向四处扩散，直至浓度达到均匀为止。河流中化学品的混合过程分为三个连续的阶段[26]。

（1）近区：排出的化工液体在垂直方向混合。混合情况取决于泄漏速率、流量等。

（2）混合区：覆盖河流宽度的横向混合，取决于河流的湍流和流量。如果是持续泄漏，就可以在横截面上看到一个逐渐扩散带。

（3）远区：当横断面上的混合完成后，纵向扩散将决定排放物的浓度分配。

图 3.6 示意了这些不同的混合过程，包括在河中连续泄漏和瞬时泄漏两种情况。图中虚线表示对应 $\bar{c}/c_0$ 的等浓度曲线。这里的分析仅限于河流系统，关于非河流系统的评估更为复杂，不是本书的研究重点。在河流系统中，由于泄漏的液态化学品的泄漏速率、流量和浮力，以及河流的宽度比深度大等原因，大多数情况下纵向的混合比横向的混合要快。尽管在大多数有湍流的系统中深度通常也很重要，但因为纵向的混合是一种局部或近区的现象，所以泄漏的化学物质在河流中的分布通常用一个包括宽度和长度的二维模型来描述。在第三阶段，横向混合完成，则一维模型就足够描述该阶段的混合过程。在非河流系统中，如湖泊和海洋，它们的扩散方式与之不同，可以想象，第三阶段以及完全混合的最后状态可能永远无法达到。在河流或运河中，扩散由系统的边界所界定。在湖泊和海洋中，发生的是"无界限"的扩散。

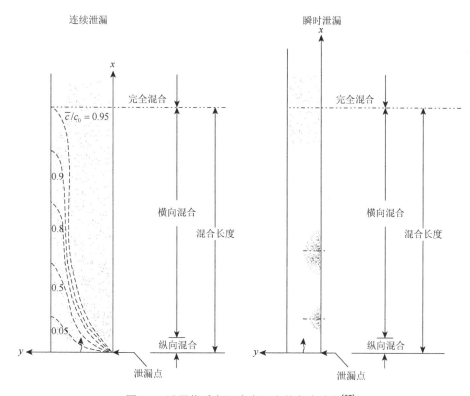

图 3.6　泄漏物质在河流中混合的各个阶段[27]

这些混合过程的不同阶段以及水流的不同类型决定了评估时所选择的模型。当要研究混合区的浓度分布时，应该用二维模型；当要研究考虑全流域的事故过程时，可用一维模型来模拟。所有的水扩散模型都假设化学品是完全溶解的。

因为不同化合物的属性不同，当涉及沉积/再悬浮、吸附/降解和生物转化等过程时，可用更复杂的模型进行评估，如区间模型。对于工业排放的污水可以采用简单稀释模型，而对于化学品意外释放的泄漏事故，则可选用分散模型。

对于湍急的自然河流中的溶质和悬浮物质的扩散和混合，在文献[28]和文献[29]中已经有详细的描述。使用一维模型还是二维模型，取决于混合区的长度。如果假定河流的平均深度为宽度的 40%，长度就可以利用式（3.14）估算出来[30]：

$$L_{\text{mix}} = \frac{0.4\overline{u}w^2}{D_y} \tag{3.14}$$

式中，L_{mix} 为混合区的长度，m；D_y 为横向扩散系数，m²/s；w 为水系统的宽度，m；$\overline{u}$ 为河流横断面上的平均流速，m/s。

根据系统的宽度、流量和湍流的不同，混合区的范围在较小时约为 500m，对高湍流系统则可达到 10～100km。

分散模型可以用于计算化学品意外释放到水体后的浓度。这类模型通常作用于较短的时间范围内，而在短时间尺度上，平流和分散是最为重要的作用。蒸发、吸附和降解可能也起到一定的作用，但与稀释过程本身相比，这些过程的影响相对较小。在发生这种类型的瞬间点泄漏后，混合区域下游的浓度可以根据 Fischer 等[30]的理论建模：

$$C_{x,t} = \frac{M/A}{\sqrt{4\pi D_x t}} \exp\left\{ -\frac{(x-ut)^2}{4D_x t} - kt \right\} \tag{3.15}$$

式中，$C_{x,t}$ 为排放 t 时间后下游距排放点 x m 处的浓度，kg/m³；M 为泄漏化学品的质量，kg；A 为河流的横截面积，m²；D_x 为一维纵向分散系数，m²/s；t 为时间，s；x 为下游距排放点的纵向距离，m；u 为平均流速，m/s；k 为一级衰减系数，s⁻¹。

可以看出，通过插入水文学参数的标准值或实际值，该模型既可以作为通式应用，也可以用于描述特定位置的情景。

3.4.4　案例研究

现存的石油化工企业可能处在自然灾害的孕灾环境中，例如，海岸密集布置的储罐可能受特大暴雨、海啸等的影响，这就需要对事故的后果发展进行预测，以达到将风险降低到人们可以接受的范围内的目的。

本节案例的研究以实际的化工区域布局为背景，本案例中的储罐分布情况和图 3.1 相同。本节对部分参数进行了合理化的假设和简化，假设储罐区遭受的洪水返回周期为 100 年，即频率为 $f=1.0\times10^{-2}$ 次/年，淹没深度为 0.5m，水流速度为 2m/s。研究对象为储罐区内的 11 号储罐，水平圆柱形的加压储罐，损坏级别是 RS1，泄漏速率为 1.55kg/s。其他关于储罐属性和灾害情景的假设见表 3.10。按照前文所述的方法，可以计算得到储罐的损坏概率为 $P_{RS1}=0.35$。进一步计算考虑洪水影响的储罐失效概率，$f=3.5\times10^{-3}$ 次/年。

表 3.10　洪水算例储罐的相关参数和灾害情景设置

单元	储罐类型	物质	储量/(t/个)	泄漏情况	事故类型	故障频率/(次/年)
Tank11	加压	氨气	60	持续泄漏	毒气扩散	1.0×10^{-5}

对于事故后果假设以洪水导致加压储罐失效，引发氨气泄漏为例，模拟应用高斯模型，描述氨气泄漏后形成的非重气云扩散过程。从安全角度出发，计算时考虑地面处泄漏形成的地面轴线最大浓度。

高斯模型本身进行了一些合理化的假设[13]，如不考虑浮力作用；气团移动速度等于风速；气团浓度、密度等服从正态分布。对于上述的连续泄漏，根据高斯模型，在泄漏源下风向某点 (x, y, z)，其 t 时刻的浓度计算如下：

$$C(x,y,z,t,H) = \frac{2Q}{2\pi u \sigma_y \sigma_z} \cdot e^{-y^2/2\sigma_y^2} \cdot \left(e^{-(z-H)^2/2\sigma_z^2} + e^{-(z+H)^2/2\sigma_z^2} \right) \quad (3.16)$$

式中，C 为浓度，kg/m^3；Q 为连续泄漏速率，kg/s；u 为风速，m/s，取 $2m/s$；H 为有效源高度，m，取 10m；σ_y、σ_z 分别为对应方向上的扩散系数。

扩散系数的取值受大气稳定度、日照强度和地面粗糙度等影响。大气稳定度分为 A/B/C/D/E/F 六类[31]，本节以开阔地 C 类为例，气象条件为弱不稳定。扩散系数与大气稳定度和距离的关系[31]见表 3.11。

表 3.11　扩散系数的计算方法[31]

大气稳定度等级		σ_x，σ_y /m	σ_z /m
开阔地	A	$0.22x(1+0.0001x)^{-1/2}$	$0.2x$
	B	$0.16x(1+0.0001x)^{-1/2}$	$0.12x$
	C	$0.11x(1+0.0001x)^{-1/2}$	$0.08x(1+0.0002x)^{-1/2}$
	D	$0.08x(1+0.0001x)^{-1/2}$	$0.06x(1+0.0015x)^{-1/2}$
	E	$0.06x(1+0.0001x)^{-1/2}$	$0.03x(1+0.0003x)^{-1}$
	F	$0.04x(1+0.0001x)^{-1/2}$	$0.016x(1+0.0003x)^{-1}$
城市	A～B	$0.32x(1+0.0004x)^{-1/2}$	$0.24x(1+0.001x)$
	C	$0.22x(1+0.0004x)^{-1/2}$	$0.2x$
	D	$0.16x(1+0.0004x)^{-1/2}$	$0.14x(1+0.0003x)^{-1/2}$
	E～F	$0.11x(1+0.0004x)^{-1/2}$	$0.08x(1+0.0015x)^{-1/2}$

泄漏的氨气在空气中飘移、扩散，影响厂区及周围居民区，对人们生命健康安全的威胁大小与浓度值和接触时间有关。本节采用概率函数法计算氨气泄漏后个人风险的分布情况。

概率函数法[12]通过人们在一定时间接触一定浓度毒物所造成影响的概率来描述毒物泄漏的后果。概率与死亡百分率之间可以互相换算。概率值 Y 与接触毒物浓度及接触时间的关系如下：

$$Y = A + B\ln(C^n \cdot t) \quad (3.17)$$

式中，A、B、n 为毒物性质的常数，见表 3.12；C 为接触毒物的浓度，百万分之一（ppm）；t 为接触毒物的时间，min。毒气团到达时间可认为是死亡概率超过 1%的时刻。

表 3.12　一些毒性物质的常数[12]

物质名称	A	B	n	参考资料
氯	−5.3	0.5	2.75	DCMR 1984
氨	−9.82	0.71	2.0	DCMR 1984
丙烯醛	−9.93	2.05	1.0	USCG 1977
四氯化碳	0.54	1.01	0.5	USCG 1977
氯化氢	−21.76	2.65	1.0	USCG 1977
甲基溴	−19.92	5.16	1.0	USCG 1977
光气（碳酸氯）	−19.27	3.69	1.0	USCG 1977
氟氢酸（单体）	−26.4	3.35	1.0	USCG 1977

　　引入洪水风险，评估储罐失效发生氨气持续泄漏 10min 后灾害情景的氨气浓度分布和个人风险分布见图 3.7～图 3.8。计算区域面积为 2000m×2000m，网格尺寸为 5m×5m。个人风险以 $1.0×10^{-6}$ 为标准，大于该值的区域内风险为不可接受。在影响区域内应做好防灾减灾措施，涉及居民区时，应做好应急演练等工作，或优化罐区布局，采取工程性措施，以降低其风险到可接受的范围内。

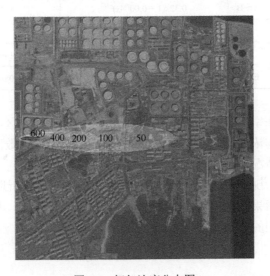

图 3.7　氨气浓度分布图

图 3.8　氨气扩散后个人风险大于 10^{-6} 分布图

3.5　雷电引发的 Natech 事件风险评估

全球气候的变化导致越来越多的暴雨雷电事件发生，由此引发的 Natech 事件也接踵而至。雷电灾害泛指雷击或雷电电磁脉冲的入侵和影响造成人员伤亡或财物受损酿成不良的社会和经济后果的事件。由于雷电表现的不同物理效应，如电动力效应、光辐射效应、冲击波效应、热效应和机械效应、高电压、静电感应效应、电磁场效应等，其所引发的 Natech 事件类型也不尽相同。雷电引发的 Natech 事件可能发生在电网、石化、通信和交通等行业中。本节重点评估雷电引发的石油化工行业中的 Natech 事件，以雷电热效应为切入点，建立了定量的风险评估模型，以案例模拟研究了相关灾害场景，并在地理信息系统上实现风险值的计算和可视化。

3.5.1　雷电危险性辨识

雷电具有极大的破坏性，造成了巨大的经济损失，是一种常见的自然灾害。雷电的发生是迄今为止人类还难以控制和阻止的，它的破坏作用表现在[32]：强大的电流、炽热的高温、猛烈的冲击波、剧烈的电磁场和强烈的电磁辐射等物理效应。由于其成灾迅速、影响范围大、致灾方式多样，给其研究、预报和防范带来了极大的困难。

自然界中由雷电造成的损害可分为两类：直接雷击灾害和感应雷电灾害[33]。

（1）直接雷击灾害的原因是雷电流本身超高的电流和电压值。被雷电击中后，雷电流将流经人、设备或建筑物等。由于强大的电流能产生热效应，因此可能使这些被击中的物体受到物理上的损害。

（2）感应雷电灾害的破坏对象主要是电子设备，以雷电电磁脉冲（lightning electromagnetic pulse，LEMP）方式对电子设备、集成电路等造成破坏。这是指雷电电磁场在电子和电气设备的线路上或在其接地线上，耦合产生的电压波形成的一种危害电子设备或电力线路正常功能的形式。

雷电自身的性质同样可通过强度和概率来表示。

1. 雷电强度

雷电按照空间位置分类，可分为云内闪电、云际闪电、晴空闪电和云地闪电。其中，云地闪电是发生在云与大地之间的，简称地闪，是本节的主要研究对象。国际上公认，雷电流的正方向为自云指向地面，闪电电流为正的地闪，称为正地闪。反之，闪电电流自地面指向上方的地闪称为负地闪。根据历史数据的统计[34]，负极性的雷电流占雷电流总数的 3/4 以上。按时间长短，雷击又可以分为短时雷击（short strock）和长时雷击（long strock）。雷电强度与雷电流幅值、半值时间、电荷量、平均陡度等参数有关。

因为本章关注的雷电引发的 Natech 事件以雷电流的热效应为主要致灾方式，而热效应主要取决于电流强度，所以在评估中对于强度的选择以雷电流幅值为主要依据。可以通过大量的历史或观测数据进行统计，绘制雷电流幅值的概率分布曲线。对于给定的研究区域而言，这一概率分布与当地的气象条件、地理信息等因素有关[35]。

2. 雷电概率

1）IEC 62305-2 雷电发生概率

国际电工委员会提出的 IEC 62305-2 确定的雷电灾害风险评估的基本方程是

$$R = NPL = \sum N_X P_X L_X \tag{3.18}$$

式中，R 为雷电灾害风险值；N 为年预计雷击次数；P 为雷电灾害损失概率；L 为雷电灾害损失；N_X、P_X、L_X 分别为对应不同风险分量的参数。

若仅考虑雷电发生概率，定义 $f = NP$。

获得 N 的方法是确定建筑物或服务设施所处环境的位置系数，同时计算被评估建（构）筑物的有效雷击截收面积 A 和雷击大地密度 N_g。

雷击大地密度 N_g 即地闪定位网络系统监测到的每年每平方米的雷击大地次数。在世界上的大部分地区，这个数值可以根据地闪定位网络系统得到。

如果没有 N_g 的分布图，则应根据雷击大地密度与雷暴日数 T_d 的密切关系推算它，一般用下式表示：

$$N_g = \alpha T_d^{1+c} \tag{3.19}$$

式中，α 为比例系数；c 为指数系数。雷暴日是指，某地区一年中有雷电放电的天数，一天中只要听到一次以上的雷声就算一个雷暴日。国内，在《建筑物防雷设计规范》（GB 50057—2010）中规定，雷击大地密度 N_g 首先应该按照当地气象台、站资料确定。若无资料，可以按照式（3.20）计算：

$$N_g = 0.1 \times T_d \tag{3.20}$$

（1）截收面积 A_d 的确定：对于平地上的孤立建筑物来说，截收面积是与建筑物上沿相接触的直线（斜率为 1/3）沿着建筑物旋转一周后，在地面上画出的面积。对于半径为 R、高度为 H 的孤立圆柱形储罐，截收面积等于：

$$A_d = \pi(R + 3H)^2 \tag{3.21}$$

（2）建筑物的相对位置：通过位置因子 C_d 考虑建筑物相对位置的影响，例如，被其他对象围绕或处在暴露场所等，见表 3.13。

表 3.13　位置因子 C_d

相对位置	C_d
被更高的对象或树木所包围	0.25
被相同高度的或更矮的对象或树木所包围	0.5
孤立对象：附近没有其他的对象	1
小山顶或山丘上的孤立对象	2

（3）建筑物遭雷击的危险事件次数 N_D 可以计算为

$$N_D = N_g A_d C_d \times 10^{-6} \tag{3.22}$$

（4）雷击储罐设备导致物理损害的概率 P_B：雷击储罐设备导致物理损害的概率 P_B 的数值作为防雷系统（lightning protection system，LPS）级别的函数在表 3.14 中给出[36]，与保护措施关系密切。

表 3.14　P_B 的取值表

建筑物特性	LPS 的级别	P_B
建筑物没有 LPS 保护	—	1
建筑物受到保护	IV	0.2
	III	0.1
	II	0.05
	I	0.02
建筑物具有符合 LPS I 级要求的接闪器以及作为自然引下线的连接金属框架或钢筋混凝土框架		0.01
建筑物具有金属屋顶或可能包含自然部件的接闪器，所有的屋顶装置都有完善的直击雷防护，具有作为自然引下线的连续金属框架或钢筋混凝土框架		0.001

2）某一强度的雷击发生概率

历史数据统计表明，雷电流幅值 I 服从对数正态分布，数学期望为 $\bar{I} = 25\text{kA}$，变异系数为 $\sigma_{\lg I} = 0.39$。

$$P(I) = \frac{1}{\sqrt{2\pi}\sigma_{\lg I}} \int_0^I \frac{1}{I} \exp\left(-\frac{1}{2}\left(\frac{\lg I - \lg\bar{I}}{\sigma_{\lg I}}\right)^2\right)\mathrm{d}P \qquad (3.23)$$

对评估区域进行统计，可以得到平均雷电流幅值，较为常见的形式是雷电流幅值累积频率分布图[37]。若有区域的历史统计数据，可以利用蒙特卡罗法仿真，产生随机闪电。

我国对雷电流幅值概率分布的界定标准为，雷暴日超过 20 天的地区计算公式如下：

$$\lg P = -I / 88 \qquad (3.24)$$

式中，P 为超越概率；I 为雷电流幅值，kA。雷暴日小于等于 20 天的地区为

$$\lg P = -I / 44 \qquad (3.25)$$

对于地区雷电参数的概率需要考量该地区长年累月的统计数据。

雷电引发的 Natech 事件的致灾机理可归结为以下几个方面：电动力效应、光辐射效应、冲击波效应、热效应和机械效应、高电压、静电感应效应、电磁场效应等。本节重点研究的是雷电流的热效应和机械效应引发的事故灾难，下面对这两个方面进行详细介绍。

（1）雷电流的热效应。雷电发生时，一旦击中物体，雷电流会流经该物体，产生焦耳-楞次热效应。虽然电流峰值很高（数十至数百千安），但作用时间很短，只能产生局部瞬时高温（6000～10000℃），可以使金属熔化一定的深度，对于大面积的金属，则其破坏作用有限。一般来说，金属屋顶、金属烟囱、金属油罐等大型物体，都可以做接闪器，只要钢板厚度达到一定值，就不会被雷电击穿[38]。但现实中，由于金属储罐存在局部接触点有较大接触电阻的情况，所以在这些点往往会发生高温导致的金属熔化或电弧现象。在这一过程中可能产生电火花或灼热的金属溅落，进而威胁到特定区域的火险安全。

当半峰值时间较长的雷电现象发生时，则容易产生局部高温，可引起森林火灾、木结构高温燃烧或金属外壳局部熔融等，常称为热闪电。半峰值时间，即指电流随着时间而衰减到峰值的一半的时间。大量统计结果表明，其典型值为 40μs 左右，其变化范围为 10～250μs。

（2）雷电流的机械效应——动力和应力。物理学上的安培定律很好地解释了这种由于电流经过靠近的导体产生的电动力效应。内应力的产生主要是因为电流导致导体内发生物理变化，例如，潮湿的物体含有的水分被雷电热效应蒸发汽化，在有限空间内发生爆裂，这一内应力的大小可达到 5000～6000N[33]，因而可使建

筑物结构、设备部件等断裂破碎，从而导致破坏或失效。

在 20 世纪以前，雷电灾害主要都是闪电的这两种物理效应所致。20 世纪 80 年代以后，人们逐渐发现闪电的其他物理效应造成的灾害增多，但是热效应和机械效应造成的灾害仍非常严重，不容忽视。

3.5.2　雷电引发设备失效的风险分析模型

化工储罐按照材料可以分为金属和非金属两类。金属储罐应用广泛，而非金属储罐（如砖砌、混凝土、橡胶等）导电性能差，容易遭受雷击，而且这些储罐容量往往较大，一旦发生火灾则难以扑救。在黄岛油库大火之后，国家已禁止建造此类储罐用于储存石油产品[33]。

本节所研究的对象为接地不良的金属储罐在雷击发生时，因联结点熔毁所导致的危化品泄漏事故。

雷电流在流经导体时，由于导体电阻而发热，这种热效应通常作用于电弧的根部，如某些部位的联结点。由雷电流通道所造成的导体温度升高可以按照下面的方法进行计算[39]。

电流在导体内以热能形式消散的表达式为

$$P(t) = i^2 R \tag{3.26}$$

式中，i 为电流强度，A；R 为电阻大小，Ω。雷电通道的欧姆阻抗的能量也可以用式（3.27）表示：

$$W = R \int i^2 \mathrm{d}t \tag{3.27}$$

在雷电放电过程中，高能的特殊性，使其产生的热量在极短的时间内耗散完毕。这一过程可以近似认为是绝热过程。

导体的温度可以用式（3.28）表示：

$$\theta - \theta_0 = \frac{1}{\alpha} \left[\exp \frac{\dfrac{W}{R} \alpha \rho_0}{q^2 \gamma c_w} - 1 \right] \tag{3.28}$$

式中，$\theta - \theta_0$ 为导体升高的温度，K；α 为电阻的温度系数，1/K；W/R 为电流脉冲能量，J/Ω；ρ_0 为在常温下导体的欧姆阻抗，Ω·m；q 为导体的横截面积，m^2；γ 为材料密度，kg/m^3；c_w 为比热容，J/(kg·K)。

雷电的典型特征是持续时间很短，峰值电流很高，属于高频电流。在流经金属导体时，必须考虑趋肤效应（也叫集肤效应）。雷电击中金属罐后，由于金属罐是导体，雷电就从罐体表面流入大地。其原理就如同被法拉第笼保护[33]，由于金属的静电等势性，可以有效地屏蔽外电场的干扰。法拉第笼无论被加上多高的电压，内部也不存在电场。而且由于金属的导电性，即使笼子通过很大的电流，内部的物体通过的电流也微乎其微。由其包裹的空间称为自由活动区域，在一定条件下是安全的。但在实际应用中，由于物质的属性（如导磁性）、几何特征（导体的横断面积）、干燥程度等情况，趋肤效应会被削弱。

在雷电发生过程中，热效应的来源主要是第一次回击，在联结点会发生材料熔化和腐蚀。在弧根区，由于雷电弧本身产生的大量热量及通电造成的电阻热效应，大量热能在金属的表面产生。在弧根区产生的热量，超过了金属传导可吸收的热量及金属熔化和蒸发过程损失的热量。其严重程度与电流幅度和持续时间有关。

在雷电通道的金属表面联结点计算热效应，为了简化，选用阳极-阴极电压降模型。这个模型适用于薄的金属皮，结果偏于保守。模型假设，雷击注入联结点的能量，都用来熔化或蒸发导体材料，而忽略了在金属中的热耗散。也有文献中的模型介绍了雷电的联结点的损伤对电流脉冲持续时间的依赖。

关于阳极-阴极电压降模型：雷电弧的能量 W 等于阳极-阴极电压降乘以雷电电荷量 Q，即

$$W = \int u_{a,c} i \mathrm{d}t = u_{a,c} \int i \mathrm{d}t = u_{a,c} \cdot Q \tag{3.29}$$

式中，$u_{a,c}$ 为阳极-阴极电压降，为几十伏的相对恒定值，是电压在微米量级金属内的下降值，受雷电流波形和放电高度的影响；Q 为雷电流在雷电弧根部的能量转换。

假设所有能量转化用于熔化金属，这一假设有可能过高估计熔化体积：

$$V = \frac{u_{a,c} Q}{\gamma} \cdot \frac{1}{c_w(\theta_s - \theta_u) + c_s} \tag{3.30}$$

式中，V 为熔化的金属体积，m^3；$u_{a,c}$ 为阳极-阴极电压降，为几十伏的相对恒定值；Q 为雷电流在雷电弧根部的能量转换；γ 为物质密度，$\mathrm{kg/m}^3$；c_w 为比热容，$\mathrm{J/(kg \cdot K)}$；θ_s 为熔化温度，$^\circ\mathrm{C}$；θ_u 为环境温度，$^\circ\mathrm{C}$；c_s 为熔化潜热，$\mathrm{J/kg}$。相关金属材料的物理属性见表 3.15，三种材料在电荷作用下熔融的体积函数关系见图 3.9。

表 3.15　材料的物理属性

属性	铝	低碳钢	铜	不锈钢
$\rho_0/(\Omega \cdot \mathrm{m})$	2.9×10^{-8}	1.2×10^{-7}	1.78×10^{-8}	7×10^{-7}
$\alpha/(1/\mathrm{K})$	4.0×10^{-3}	6.5×10^{-3}	3.92×10^{-3}	8×10^{-4}
$\gamma/(\mathrm{kg/m}^3)$	2700	7700	8920	8×10^3
$\theta_s/^\circ\mathrm{C}$	658	1530	1080	1500
$c_s/(\mathrm{J/kg})$	3.97×10^5	2.72×10^5	2.09×10^5	—
$c_w/(\mathrm{J/(kg \cdot K)})$	908	469	385	500

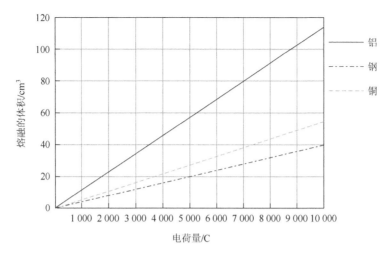

图 3.9　在 $u_{a,c} = 30V$，$\theta_u = 20℃$ 时，熔融的金属体积与电荷量的关系图

　　通过熔融的金属体积可以估算破裂孔径的数值，一般假定为圆形裂口，从而利用储罐中的液体经小孔泄漏模型，分析泄漏后可能发生的灾害场景，运用风险评估的方法对其进行 Natech 事件风险值的计算。

3.5.3　案例研究

　　化工企业中广泛采用的金属油罐，若存在于雷电灾害高发区域中，一旦防雷措施失效或局部接触点有较大的电阻，则可能受到雷电热效应的损伤，这就需要评估最坏情况下的风险，以应对可能出现的事故后果。

　　本节案例以某地的石油储罐区为研究区域，见图 3.10。

(a) 总分布图　　　　　　　　　　　　(b) 研究区域

图 3.10　灾害场景分布图

初始条件假设：研究对象为常压金属储罐，储存的物质是石油。储罐的直径为30m，高14m，储罐平均厚度 σ 为6.5mm，其他关于储罐属性和灾害情景的假设见表3.16。在实际应用中，某一强度的雷电流频率可由区域的历史统计数据，利用蒙特卡罗法仿真，产生随机闪电计算得到，也可以利用实际观测值。假设储罐的破坏概率为生成的雷电能够击穿储罐的次数与闪电总次数的比值，这里假设为 $f(R) = 0.03$。一次雷击的电荷量可由雷电通道上电流随时间变化的积分得到，设为 $Q = 430\text{C}$，电压降取 $u = 30\text{V}$。

表3.16　雷电算例储罐的相关参数和灾害情景设置

单元	储罐类型	物质	尺寸	泄漏情况	事故类型	故障频率/(年$^{-1}$)
Tank1	金属常压	石油	$D = 30\text{m}$，$H = 14\text{m}$，$\sigma = 6.5\text{mm}$	持续泄漏	池火	3.1×10^{-7}

根据储罐受雷电热效应的脆弱性模型，计算得到雷电导致储罐破裂、熔化的半球形金属体积是 $V = 1.7 \times 10^{-6}\text{m}^3$，计算得到等效泄漏孔径是 $d = 18.2\text{mm}$。

同理，考量雷电对加压储罐的影响情况。常见的加压储罐尺寸如表3.17所示[40]。

表3.17　常见的加压储罐尺寸表

体积/m^3	L/D	D-直径/m	L-长度/m	厚度/mm
5	1.88	1.6	3	11
10	6.32	1.2	7.7	9
20	6.32	1.5	9.7	10
25	1.88	2.3	4.4	15
50	6.32	2.1	13.2	14
100	6.43	2.8	18	18

通过分析发现，在相同热效应破坏下，加压储罐受雷击熔化的金属体积和常压储罐相同（半径约为9mm），因为这一特征只取决于雷电的特征参数。但是因为熔化的半球体的半径小于加压储罐的厚度，所以雷电不能击穿这些储罐，只能在局部造成烧蚀斑。

事故场景假设储罐中的液体泄漏，被引燃后发生池火燃烧。首先应用小孔泄漏模型[13]计算任一时间内的泄漏量：

$$W = \rho C_d A t \sqrt{\frac{2P_g}{\rho} + 2gh - \frac{\rho g A^2}{2A_0} t^2} \qquad (3.31)$$

式中，W 为泄漏量，kg；C_d 为液体泄漏系数，取 0.5，见表 3.18；A 为裂口面积，m^2，由泄漏孔直径计算得到；P_g 为设备内物质压力，Pa，取 101 325；ρ 为液体密度，kg/m^3，石油密度为 $\rho = 650kg/m^3$；g 为重力加速度，取 $9.8m/s^2$；h 为裂口以上液位的高度，m；t 为泄漏时间，s，取 $t = 600s$；A_0 为容器的横截面积，m^2。

表 3.18　泄漏参数取值表

雷诺数	液体泄漏系数		
	圆形（多边形）	三角形	长方形
>100	0.65	0.60	0.55
≤100	0.5	0.45	0.30

　　按照传统的液体连续泄漏模型计算，可能发生的事件类型按照事件树进行分析，液体泄漏后将向低洼处流动并形成液池。其最大直径[31]取决于泄漏点附近的环境、泄漏的连续性或瞬时性。有围堰时，以围堰最大等效半径为液池半径；无围堰时，设定液体瞬间扩散到最小厚度，根据荷兰应用科研院的研究结果，粗糙的砂壤或砂地表面，扩展液池的最小厚度约为 25mm，见表 3.19。

表 3.19　扩展液池的最小厚度[31]

表面情况	最小厚度/mm
粗糙的砂壤或砂地	25
农业用地、草地	20
平整的砂石地	10
平整的石头地面、水泥地面	5
平静的水面	1.8

　　泄漏形成的液池面积 S 为

$$S = \frac{m}{0.025\rho} \tag{3.32}$$

式中，m 为液体质量，kg；ρ 为液体密度，kg/m^3。池火灾采用圆柱形火焰和池面积恒定假设，火焰半径 R_f 由式（3.33）确定：

$$R_f = \sqrt{\frac{S}{\pi}} \tag{3.33}$$

　　火焰高度 L 为

$$L = 84 R_f \left(\frac{m_f}{\rho_0 \sqrt{2 g R_f}} \right)^{0.61} \tag{3.34}$$

式中，m_f 为燃烧速率，kg/(m²·s)，石油取 78；ρ_0 为空气密度，kg/m³，取 1.205。

火灾持续时间 t 为

$$t = \frac{W}{m_f \pi R_f^2} \tag{3.35}$$

式中，W 为燃料质量，kg。

假设全部辐射能量由液池中心点的小球面辐射出来，则总热辐射通量 Q 为

$$Q = \left(\pi R_f^2 + 2 \pi R_f L \right) M_f \eta H_c / \left(72 M_f^{0.61} + 1 \right) \tag{3.36}$$

式中，Q 为总热辐射通量，kW；η 为效率因子，可取 0.13～0.35，此处取 0.25；H_c 为燃烧热，kJ/kg，石油取 41 868。

在距离池中心某一距离 x 处的入射热辐射强度 I 可由式（3.13）计算。

计算可得火灾的热辐射，进一步确定对人员伤害的个人风险值。计算结果见图 3.11。计算区域面积为 1000m×1000m，网格尺寸为 5m×5m。

图 3.11　个人风险大于 10^{-6} 分布图

图 3.11 中展示了个人风险大于 1×10^{-6} 的区域，这个区域内的风险不可接受，由此得到了风险的分布情况。在地理信息系统上进行展示，有助于决策者得到灾害影响范围的直观判断，采取进一步的措施，也可考量区域中其他灾害场景的组合，如多米诺效应等。

3.6　本章小结

在近年来世界各地发生的等自然灾害中，几乎都伴随着事故灾难如危险化学品和原油泄漏、火灾和爆炸乃至核泄漏事故等。Natech 事件在全球范围内已经越来越多地引起人们的关注，针对 Natech 事件的风险评估问题是近年来的一个研究热点，并且随着工业化、城镇化进程的不断加快，Natech 事件的演化规律、成灾机理和风险评估方法成为其中的重要问题之一。现有的研究对自然灾害和事故灾难间的关联关系、跨灾种风险评估方法、Natech 事件成灾机理、考虑自然灾害的危险化学品设立项目安全评价等几个方面的关注还不足。本章针对这些问题开展了探索性的研究，主要研究成果与结论总结如下。

（1）本章针对自然灾害和事故灾难间关联关系认知信息的问题，建立了 Natech 事件关联度分析模型。该模型反映了 Natech 事件的关联关系和关联性的强弱，能够获得与自然灾害关联的事故灾难排序，并可以为人们了解和认知 Natech 事件发生的预期提供依据。

（2）本章针对 Natech 事件成灾机理问题，根据关联度排序结果选取地震、洪水、雷电引发的 Natech 事件作为重点的评估对象；考虑自然灾害的危险化学品设立项目安全评价问题，提出了化工区域 Natech 事件定量化风险评估方法。构建了地震引发化工区域 Natech 事件风险评估模型，建立了储罐受地震影响的脆弱性模型，分析和计算了储罐在不同地震强度下出现不同程度的破坏的概率。

（3）本章研究了洪水引发 Natech 事件的成灾机理和化工区域定量化风险评估方法的应用。开展了化工区域的洪水危险性辨识，构建了洪水引发化工区域 Natech 事件风险评估模型，分析了储罐受洪水影响的脆弱性模型。在算例研究中，结合"事故灾难沿自然灾害性态相关属性的灾害转移"的特征，研究了罐区受水灾影响泄漏有毒气体威胁用水安全的情况。

（4）本章研究了雷电引发 Natech 事件的成灾机理和化工区域定量化风险评估方法的应用。开展了化工区域的雷电危险性辨识，构建了雷电引发化工区域 Natech 事件风险评估模型，以雷电热效应为切入点，分析了金属储罐在雷电中的热损伤脆弱性模型。在算例研究中，基于场景模拟雷电热效应导致储罐失效，进而发生火灾的个人风险分布。模拟结果能提供在地理信息系统上的可视化展示。

参 考 文 献

[1]　Ding Y，Chowdhury G，Foo S. Bibliometric cartography of information retrieval research by using co-word analysis[J]. Information Processing & Management，2001，37（6）：817-842.

[2]　王曰芬，宋爽，熊铭辉. 基于共现分析的文本知识挖掘方法研究[J]. 图书情报工作，2007，51（4）：66-70，79.

[3]　Egghe L. New relations between similarity measures for vectors based on vector norms[J]. Journal of the American Society for Information Science and Technology，2009，60（2）：232-239.

[4]　谢彩霞，梁立明，王文辉. 我国纳米科技论文关键词共现分析[J]. 情报杂志，2005，24（3）：69-73.

[5]　周云，李伍平，浣石，等. 防灾减灾工程学[M]. 北京：中国建筑工业出版社，2007.

[6]　冈本舜三. 地震工程学[M]. 王玉琳，译. 台北：科技图书股份有限公司，1980.

[7]　马玉宏，赵桂峰. 地震灾害风险分析及管理[M]. 北京：科学出版社，2008.

[8]　葛全胜，邹铭，郑景云，等. 中国自然灾害风险综合评估初步研究[M]. 北京：科学出版社，2008.

[9]　孙建刚. 大型立式储罐隔震：理论、方法及实验[M]. 北京：科学出版社，2009.

[10]　柳春光，林皋，李宏男，等. 生命线地震工程导论[M]. 大连：大连理工大学出版社，2005.

[11]　Salzano E，Iervolino I，Fabbrocino G. Seismic risk of atmospheric storage tanks in the framework of quantitative risk analysis[J]. Journal of Loss Prevention in the Process Industries，2003，16（5）：403-409.

[12]　沈立，吴起. 危险化学品建设项目设立安全评价[M]. 南京：东南大学出版社，2010.

[13]　中国石油化工股份有限公司青岛安全工程研究院. 石化装置定量风险评估指南[M]. 北京：中国石化出版社，2007.

[14]　魏一鸣. 洪水灾害风险管理理论[M]. 北京：科学出版社，2002.

[15]　Penning R E，Fordham M. Floods Across Europe：Flood Hazard Assessment，Modelling and Management[M]. Middlesex：Middlesex University Press，1994.

[16]　Wind H G，Nierop T M，de Blois C J，et al. Analysis of flood damages from the 1993 and 1995 Meuse floods[J]. Water Resources Research，1999，35（11）：3459-3465.

[17]　章国材. 气象灾害风险评估与区划方法[M]. 北京：气象出版社，2010.

[18]　裴宏志，曹淑敏，王慧敏. 城市洪水风险管理与灾害补偿研究[M]. 北京：中国水利水电出版社，2008.

[19]　Ellen E W. 内陆洪水灾害[M]. 何晓燕，黄金池，梁志勇，等译. 北京：中国水利水电出版社，2008.

[20]　Selina B，Marcel J F S，Jim W H. 欧洲洪水风险管理[M]. 叶阳，邓伟，付强，等译. 郑州：黄河水利出版社，2011.

[21]　Kelman I，Spence R. An overview of flood actions on buildings[J]. Engineering Geology，2004，73（3/4）：297-309.

[22]　Petak W J，Atkisson A A. 自然灾害风险评价与减灾政策[M]. 向立云，程晓陶，译. 北京：地震出版社，1993.

[23]　李引擎，王清勤，张靖岩，等. 防灾减灾与应急技术[M]. 北京：中国建筑工业出版社，2008.

[24]　Uijt de Haag P A M，Ale B J M. Guideline for quantitative risk assessment（purple book）[J]. The Hague：Committee for the Prevention of Disasters，1999.

[25]　Cruz A M，Krausmann E，Franchello G. Potential impact of tsunamis on an oil refinery in Southern Italy[C]//New Perspectives on Risk Analysis and Crisis Response-Proceedings of the Second International Conference on Risk Analysis and Crisis Response. Paris：Atlantis Press，2009：27-32.

[26]　van Leeuwen C J，Vermeire T G. Risk Assessment of Chemicals：An Introduction[M]. 2nd ed. The Netherlands：Springer，2007.

[27]　van Mazijk A，Veldkamp R G. Waterkwaliteits modelering oppervlaktewater[D]. The Netherlands：Technical University，1989.

[28]　Neely W B. The definition and use of mixing zones[J]. Environmental Science & Technology，1982，16（9）：518A-521A.

[29]　Csanady G T. Turbulent Diffusion in the Environment[M]. Dordrecht：Springer，1973.

[30]　Fischer H B，List E J，Koh R C Y，et al. Mixing in Inland and Coastal Waters[M]. New York：Academic Press，1979.

[31]　宇德明. 易燃、易爆、有毒危险品储运过程定量风险评价[M]. 北京：中国铁道出版社，2000.

[32]　张继权，李宁. 主要气象灾害风险评价与管理的数量化方法及其应用[M]. 北京：北京师范大学出版社，2007.

[33]　张义军，陶善昌，马明，等. 雷电灾害[M]. 北京：气象出版社，2009.

[34]　梅卫群，江燕如. 建筑防雷工程与设计[M]. 2 版. 北京：气象出版社，2006.

[35]　许颖，刘继，马宏达，等. 建（构）筑物雷电防护[M]. 北京：中国建筑工业出版社，2010.

[36]　杨仲江. 雷电灾害风险评估与管理基础[M]. 北京：气象出版社，2010.

[37]　李家启，李良福. 雷电灾害风险评估与控制[M]. 北京：气象出版社，2010.

[38]　虞昊. 现代防雷技术基础[M]. 2 版. 北京：清华大学出版社，2005.

[39]　British Standards. Protection against lightning British Standards（BS EN 62305-1）[S]. London：British Standards Institution，2006.

[40]　Mannan S. Lees' Loss Prevention in the Process Industries[M]. 3rd ed. Oxford：Elsevier，1996.

第4章 多米诺事故风险评估

4.1 概　　述

多米诺效应指代化工多米诺事故中同类或不同类事故之间的相互触发关系，是多米诺事故最核心的耦合特征。初始事故与次生事故间由因果关系构建形成链式或网状结构是多米诺事故发生的必要条件，也是多米诺事故最显著的特征。在多米诺事故中，部分低发生概率、高事故后果的化工事故会被其他相对高发生概率的化工事故触发。在多米诺效应影响下，高事故后果的化工事故发生可能性的提升，会导致多米诺事故风险显著高于独立化工事故。

作为多米诺事故的核心特征，学者围绕量化多米诺效应的影响开展了一系列研究。根据多米诺事故的链式/网状结构，学者提出了应用图论[1]、贝叶斯网络[2, 3]、佩特里网[4, 5]、蝴蝶结模型[6]等方法开展多米诺效应的研究。然而由于多米诺事故过程的复杂性与不确定性，上述方法存在应用场景简单的问题，无法良好地应用于复杂多米诺事故风险定量评估中。

本章旨在介绍多米诺事故风险分析模型与方法，包括事故后果与损伤分析模型、事故蔓延与扩展模型以及事故发生频率分析方法。以此为基础，本章分别介绍基于场景分析以及基于蒙特卡罗模拟的两类多米诺事故风险定量评估方法。基于场景分析的风险定量评估方法针对可能出现的各种事件链场景进行分析，分析每一个场景发生的频率，评估每一个场景可能造成的后果，并在此基础上选择风险比较高的或者风险管理者比较关注的事件链场景进行风险定量评估。基于蒙特卡罗模拟的风险定量评估方法通过对多米诺事故发展过程的迭代模拟，实现多级多米诺事故发展过程的模拟，并实现多米诺事故风险的动态评估与展示。

本章 4.2 节开展多米诺效应对事故灾难后果、频率与风险影响的定性分析，构建多米诺事故耦合特征研究基础，说明多米诺事故演化规律与拓展升级机制；4.3 节介绍多米诺事故风险分析模型与方法，作为风险定量评估方法研究的理论与工具基础；4.4 节介绍两类多米诺事故的风险定量评估方法，包括方法原理、方法步骤以及方法优势；4.5 节介绍两类风险定量评估方法在实际多米诺事故场景中的应用，并总结多米诺事故发展特征以及火爆毒多灾种耦合事故风险的特征，定量分析多米诺效应对事故灾难发生可能性的影响，以及消防力量介入对多米诺事故后果与风险的影响；4.6 节对本章内容进行总结。

4.2　多米诺效应影响定性分析

受多米诺效应的影响，一些低概率、严重后果事故的发生可能性会上升，例如，先后发生于我国天津港瑞海公司与江苏响水天嘉宜公司的爆炸事故[7]。由于此类大当量爆炸事故发生的可能性极低，安全响应设施设置以及区域应急响应能力并未按照此类事故的防治标准进行预先准备，从而导致两起事故中严重的人员伤亡及财产损失。本节旨在分析多米诺效应在多米诺事故发展过程中的体现，以及消防力量介入对多米诺效应的影响，为多米诺效应的定量研究提供基础。

由于危险化学品易燃、易爆的物化性质，引发多米诺事故的初始事故往往是火灾与爆炸事故。根据数据统计，43%的多米诺事故的初始事故为火灾，另外57%的多米诺事故由爆炸事故引起[8]。初始事故可能会引发一起或多起事故后果更严重的次生事故，从而造成混乱无序且发展不可预测的多米诺事故场景。

多米诺效应体现于初始事故释放致灾因子从而引发次生事故的过程。例如，火灾作为初始事故，其释放的热量会使区域大气温度上升，从而导致燃烧的蔓延。火灾释放的热量还会导致易爆物爆炸以及储存有毒物质的储罐破裂，造成严重的爆炸事故以及毒气泄漏扩散事故。当爆炸作为初始事故时，其瞬间释放的热能与动能能够引发影响范围内的可燃物燃烧、易爆物殉爆，并导致储罐破裂引发毒气泄漏扩散。

多米诺事故发展是具有一定时间跨度的持续性过程，这一过程的时间跨度很大程度上取决于消防力量的介入时刻。根据 Särdqvist 和 Holmstedt[9]的研究，近 3/4 的火灾在消防力量介入后会停止蔓延。这说明消防力量的介入将限制多米诺事故的发展，从而降低由初始事故引发严重后果事故的可能性。根据彭晨[10]的研究，在中国和日本，从事故发生到消防力量介入时刻之间的时间跨度满足对数正态分布，且以 5min 为峰值。然而，在火爆毒多灾种耦合多米诺事故场景中，消防力量的介入时刻面临更大的不确定性。例如，天津港事故的调查报告显示，由于事故现场的有毒环境以及潜在的燃烧爆炸危险，有效的消防与救援工作直至次日核生化应急力量入场后才开始开展。本章在开展多米诺事故风险定量评估研究的同时，也对消防力量的介入对多米诺事故风险的影响开展了敏感性分析。

表 4.1 所示的多米诺效应分析矩阵描述了多米诺事故中火爆毒事故之间的相互触发关系，以及多米诺效应的影响因素。表 4.1 可作为多米诺效应的研究框架，为多米诺效应的量化分析提供理论基础。

表 4.1　多米诺效应分析矩阵

初始事故	次生事故			对消防力量介入的影响
	火灾	爆炸	毒气泄漏	
火灾	火灾引燃邻近易燃物导致燃烧蔓延	火灾引爆邻近易爆物导致爆炸	火灾破坏储罐导致毒气泄漏	高温、强热辐射环境
爆炸	（1）爆炸释放热量直接引燃易燃物导致燃烧 （2）爆炸冲击波破坏储罐导致火灾	爆炸导致邻近易爆物殉爆	爆炸冲击破坏储罐导致毒气泄漏	爆炸冲击破坏建筑、堵塞道路
毒气泄漏	无直接触发关系	无直接触发关系	无直接触发关系	有毒环境

4.3　多米诺事故风险分析模型与方法

随着危险化学品工业的发展，学者对化工火爆毒事故分析模型的研究也一直在深入、成熟。多米诺事故发展过程模拟的核心在于还原多米诺效应的影响过程，其基础为初始事故发生频率的确定和事故蔓延、扩展、升级概率模型的应用，以及事故后果与人体损伤分析模型的应用。多米诺事故分析所需的基础模型包括事故后果分析模型、损伤分析模型、事故蔓延模型、事故扩展模型、事故升级概率模型，在图 4.1 中进行了整理展示。

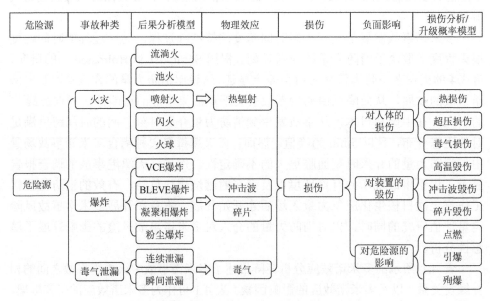

图 4.1　多米诺事故分析基础模型

VCE 爆炸指蒸汽云爆炸，BLEVE 爆炸指沸腾液体膨胀蒸汽爆炸

4.3.1　事故后果与损伤分析模型

1. 事故后果分析模型

现有的大部分工业安全管理与风险评估参考指导书均对火爆毒事故的后果分析模型进行了介绍，例如，美国化工过程安全中心出版的 *Guidelines for Chemical Process Quantitative Risk Analysis*[11]、荷兰应用科学研究组织出版的 *Methods for the Calculation of Physical Effects*[12]以及其他化工安全参考指导书籍[13-16]。除了以化工安全为主题的专著之外，学者也分别关注火爆毒事故各自的后果分析模型并开展了精细化研究。例如，Jujuly 等[17]基于 CFD 方法提出了池火后果分析模型；de Souza-Santos[18]与 Tillman[19]围绕固体燃烧的后果分析模型开展了研究；Baker 等[20]在其专著中详细介绍了爆炸事故的危险性与后果分析模型；Fickett 和 Davis[21]也通过开展理论与实验研究提出了爆炸事故后果分析模型；Toja-Silva 等[22]基于 CFD 方法提出了毒气泄漏并扩散的后果分析模型；Cao 等[23]则基于高斯烟羽模型（Gaussian plume model，GPM）提出了有毒大气扩散的后果分析模型。

本章应用的火爆毒事故后果分析模型分别为固体火焰模型、三硝基甲苯（trinitrotoluene，TNT）等效当量模型以及高斯模型，相应公式如下[14, 24]：

$$Q = \tau F E_p \tag{4.1}$$

$$P = \frac{1.02(m_{\text{TNT}})^{1/3}}{r} + \frac{3.99(m_{\text{TNT}})^{2/3}}{r^2} + \frac{12.6 m_{\text{TNT}}}{r^3} \tag{4.2}$$

$$\frac{\mathrm{d}C}{\mathrm{d}t} = \frac{\partial x}{\partial x}\left(K_x \frac{\partial x}{\partial x}\right) + \frac{\partial}{\partial y}\left(K_y \frac{\partial x}{\partial y}\right) + \frac{\partial}{\partial z}\left(K_z \frac{\partial x}{\partial z}\right) \tag{4.3}$$

式中，Q 为承灾载体受到的热辐射通量，kW/m^2；τ 为大气传输率，由大气的相对湿度决定；F 为视角因子，由火焰与承灾载体之间的几何关系决定；E_p 为发射能力，由火焰尺寸、持续时间、火焰与承灾载体间的距离等因素决定；P 为爆炸冲击波超压，MPa；r 为爆炸中心距离承灾载体的距离，m；m_{TNT} 为 TNT 当量，可由爆炸物质量 m_e、爆炸物爆热 H_e、TNT 爆热 H_{TNT} 通过 $m_{\text{TNT}} = m_e(H_e / H_{\text{TNT}})$ 的关系计算确定；C 为毒气浓度，kg/m^3；t 为泄漏持续时间，s；x、y、z 分别为泄漏源与承灾载体在 X、Y、Z 轴向上的距离，m；K_x、K_y、K_z 分别为 X、Y、Z 轴向的扩散率，由风速、空气稳定性、泄漏源与承灾载体间的距离决定。

2. 损伤分析模型

人体在火爆毒事故中的死亡率可由损伤分析模型计算。在现有研究中应用最广泛的损伤分析模型是由 Cozzani 等[25]提出的火爆毒人体脆弱性概率单位模型，其结论被化工安全参考指导书广泛采纳，如 Casal[14]撰写的化工事故分析参考书。其他提出化工事故损伤分析模型的指导专著包括荷兰应用科学研究组织出版的 *Methods for the Determination of Possible Damage*[26]、美国化工过程安全中心出版的 *Guidelines for Chemical Process Quantitative Risk Analysis*[11]，以及其他化工安全参考书籍[27, 28]。

本章应用的火、爆事故损伤分析模型为 Cozzani 等[25]提出的人体脆弱性概率单位模型，相应公式如下所示。毒气泄漏事故损伤分析模型如式（3.17）所示：

$$P_{r,f} = -14.9 + 2.56\ln(6\times10^{-3}Q^{1.33}t_e) \qquad (4.4)$$

$$P_{r,e} = 5.13 + 1.37\ln(P) \qquad (4.5)$$

式中，$P_{r,f}$、$P_{r,e}$ 分别为人体在火、爆事故中的死亡概率单位；t_e 为暴露时间，s，一般取 30s[24]。

人体死亡概率单位 P_r 与死亡概率 ρ 之间的转换关系如式（3.8）所示。

4.3.2　事故蔓延与扩展升级模型

1. 事故蔓延模型

火灾蔓延模型可以描述初始火灾引发易燃物燃烧的事故蔓延过程。本方法以池火灾蔓延模型作为多米诺事故过程模拟的基础模型，用以描述火灾-火灾的蔓延发展过程，如下[29]：

$$v_f = \frac{q_v\delta_f}{\rho c_p d(T_{ig} - T_s)} \qquad (4.6)$$

式中，v_f 为火焰的蔓延速度，m/s；q_v 为未燃烧的易燃物所接收到的热辐射通量，kW/m^2；δ_f 为预热区域长度，m，由易燃物材料种类以及温度梯度决定；ρ 为易燃物的密度，kg/m^3；c_p 为易燃物的比定压热容，kJ/(kg·K)；d 为易燃物的厚度，m；T_{ig} 与 T_s 分别为易燃物的燃点和初始温度，K。

爆炸物间的殉爆过程可由殉爆距离经验公式描述，如下[30]：

$$K = 0.1522(W / L^{2.25}) \qquad (4.7)$$

式中，K 为由爆炸物种类以及质量确定的常数；W 为爆炸物的质量，kg；L 为殉爆距离，m。

事故蔓延模型可以描述多米诺效应中火灾-火灾以及爆炸-爆炸的相互触发关系，而不同种类事故间的触发关系则需要由事故扩展升级模型描述。

2. 事故扩展升级模型

由火灾释放的热量会导致区域大气温度上升，从而引发易爆物发生爆炸。不同爆炸物的物化性质不同，其受热起爆的临界值也不同。爆炸物所处的环境温度与其起爆延迟时间之间的关系如下[31]：

$$t = Ce^{\frac{E}{RT}} \qquad (4.8)$$

式中，t 为起爆延迟时间，s；C 为爆炸物种类决定的常数；E 为爆炸反应的活化能，kJ/mol；R 为摩尔气体常数，为 8.314J/(mol·K)；T 为爆炸物所处的环境温度，K。

爆炸会释放大量热量，引发邻近易燃物发生燃烧。爆炸火球所释放的热量可由式（4.9）进行计算[32]：

$$Q = \frac{F_s m H_a}{\pi D^2 t} \upsilon_F \tau \qquad (4.9)$$

式中，Q 为爆炸火球释放的热辐射通量，kW/m^2；F_s 为火球表面热辐射比率；m 为爆炸物质量，kg；H_a 为易燃物的有效热值，kJ/kg；D 为火球的直径，m；t 为持续时间，s；D 和 t 均由爆炸物的种类与质量决定；υ_F 为视角系数；τ 为大气热传递系数。

式（4.8）与式（4.9）描述了多米诺效应中火灾-爆炸以及爆炸-火灾之间的相互触发关系。对于火灾与爆炸导致毒气泄漏事故的多米诺效应，Cozzani 等[25]提出的储罐破坏概率单位模型可进行良好的描述。常压与高压储罐在热辐射以及冲击波影响下的破坏概率单位计算式如下：

$$Y = 12.54 - 1.847 \times (-1.128\ln Q - 2.667 \times 10^{-5} V + 9.877) \quad （常压） \qquad (4.10)$$

$$Y = 12.54 - 1.847 \times (-0.947\ln Q + 8.835 V^{0.032}) \quad （高压） \qquad (4.11)$$

$$Y = -18.96 + 2.44\ln\Delta P \quad （常压） \qquad (4.12)$$

$$Y = -42.44 + 4.33\ln\Delta P \quad （高压） \qquad (4.13)$$

式中，Y 为储罐破坏概率单位；Q 为储罐所受热辐射通量，kW/m^2；V 为储罐容积，m^3；ΔP 为储罐受到的冲击波超压，kPa。概率单位与概率之间的转换关系如式（3.8）所示。

此外，Landucci 等[33]也开展了热辐射影响下储罐破坏概率的事故升级概率模型研究；Eisenberg 等[34]围绕爆炸冲击波破坏化工装置的概率开展了研究，并总结出了相应结论；爆炸碎片对化工装置的破坏概率则由 Nguyen 等[35]进行了深入研究。他们应用三维模拟的方法，提出事故升级概率 P_f 同时由碎片生成概率 P_{gen}、碎片冲击概率 P_{imp}、碎片毁伤概率 P_{rup}、事故触发概率 P_{propa} 决定，如下：

$$P_f = P_{gen} \times P_{imp} \times P_{rup} \times P_{propa} \qquad (4.14)$$

4.3.3　事故发生频率分析方法

如式（2.2）所示，事故发生频率是决定事故个人风险的重要参数。多米诺事故各事故场景的发生频率可通过初始事故发生频率与事故发展概率确定。因此，确定初始事故的发生频率是开展多米诺事故发展过程模拟之前的重要步骤。这一步骤可通过初始物料泄漏（loss-of-containment，LOC）事件发生频率的确定以及事件树方法的应用实现。

1）LOC 事件发生频率

LOC 事件指代储罐、管道、仓库等化工装置中的材料意外泄漏或不受控泄漏[36]，它被认为是池火灾、蒸汽云爆炸等大部分化工事故的起源，固体危化品的燃烧与爆炸也被认为起源于广义的 LOC 事件。多数化工安全指导参考书籍均明确说明了各类 LOC 事件的发生频率[11, 13, 14]。例如，高压储罐的瞬间 LOC 事件的发生频率为 5×10^{-7} 次/年，仓库的 LOC 事件发生频率为 1×10^{-5} 次/年。根据事故现场的化工装置种类，可通过获取相关数据确定各化工装置 LOC 事件的发生频率。

2）事件树方法

事件树方法在事故发生频率的计算中得到了广泛应用。当 LOC 事件发生后，泄漏的化工材料可能被即时点燃或延迟点燃，从而导致不同的初始事故种类，如池火灾或闪火。除点燃方式之外，初始事故种类也受到其他因素的影响，如危化品自身的物化特性。部分化工安全参考指导书籍罗列了化工产业中可能存在的各类事件树，说明了从 LOC 事件发展为不同种类的初始化工事故的概率[11-14]。以一吨液化石油气（liquefied petroleum gas，LPG）瞬时泄漏的 LOC 事件为例，图 4.2 展示了从 LOC 事件到各类初始事故的事件树[14]。通过 LOC 事件发生频率的确定以及事件树方法的应用，可计算出由该 LOC 事件引发的火球事故的发生频率为 1.2×10^{-7} 次/年。

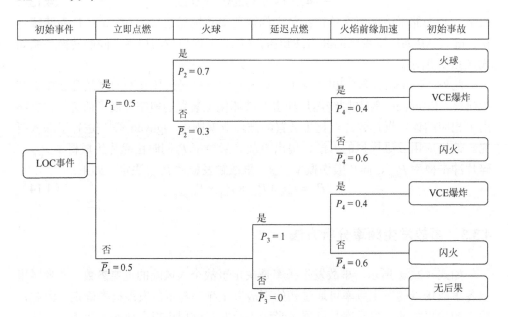

图 4.2　LPG 瞬时泄漏的事件树

4.4 多米诺事故风险定量评估方法

基于式（2.2）所示的个人风险计算式，可用下式说明多米诺事故风险定量评估的核心思路与过程：

$$r = \sum_{i=1}^{n} \varphi_i \rho_i \qquad (4.15)$$

式中，r 为多米诺事故个人风险；φ_i 与 ρ_i 分别为多米诺事故场景 i 的发生频率与人体死亡率；n 为该多米诺事故可能的事故场景数量。式（4.15）说明，多米诺事故风险定量评估的核心在于各事故场景的发生频率与人体死亡率的确定。

基于场景分析的风险定量评估方法分三个层次进行：首先确定事件链的初始事件，分析可能出现的次生事件，运用概率函数、层次分析和综合评判等方法确定事件间的触发概率；其次运用复合事件概率分析、事件后果评估模型等方法，分析和计算可能事件链场景的概率和后果；最后针对关注的事件链场景进行定量的风险评估。

基于蒙特卡罗模拟的风险定量评估方法则通过模拟结果的统计分析替代多米诺过程复杂的概率计算，从而将事故场景发生频率的确定简化为初始事故发生频率的确定。同时，通过各多米诺事故场景的确定以及后果分析、损伤分析模型的应用，可确定相应的人体死亡概率，从而计算多米诺事故的定量风险。

4.4.1 基于场景分析的风险定量评估方法

设某区域可能发生 $n+1$ 种突发事件，选择其中一种事件作为初始事件（发生概率为 f_0），该事件通过其致灾因子（热辐射、超压、震动等）可能触发次生事件。对于 n 个可能出现的一级次生事件，在此仅考虑 1 个次生事件只发生 1 种事故类型。在选定了初始事件后，对可能出现的多米诺事故场景进行计算，如果有 k 个一级次生事件发生，那么可能出现的多米诺事故场景数目为 C_n^k。由初始事件引发的 n 个次生事件的场景数目为 $2^n - 1$。可见，即使仅考虑一级次生事件的发生，也会产生很大的场景数。如果考虑到二级、三级次生事件，那么可能出现的多米诺事故场景数将相当大。如果对事件链仍采用通常流程的风险评估，将会为风险定量评估带来相当大的困难。为此，本章提出了基于多米诺事故场景的风险定量评估流程（图 4.3）。

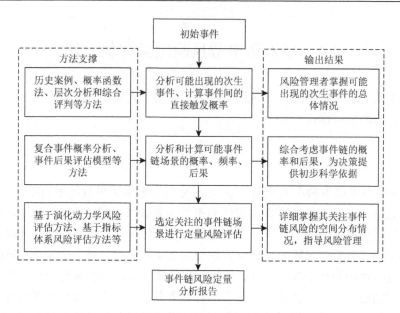

图 4.3 多米诺事故场景分析风险定量评估流程

　　基于多米诺事故场景的风险定量评估是按照三个层次进行的，评估的起点是某一初始事件的发生。第一个层次是根据初始事件判断可能出现的次生事件，分析所有直接相关事件的触发关系，并计算所有相关联的事件之间的触发概率，通过这一层次的分析，风险管理者可以掌握突发事件的总体情况，对可能发生的多米诺事故有一个总体掌握。第二个层次分析可能出现的多米诺事故场景，并定量计算每一个事故场景发生的概率、频率和可能造成的后果，这一层次的分析结果可以帮助风险管理者根据实际情况综合考虑事故的频率和后果两个因素，为决策提供初步的科学依据，选定风险较高的事件链场景进行重点关注。第三个层次就是针对选定的多米诺事故场景进行综合的风险定量评估，获得详细的风险分布信息。基于以上三个层次，风险管理者就可以针对可能出现的多米诺事故制定定量的风险评估报告。

1. 初始事故场景分析

　　初始事故的场景分析，需要计算两个物理量：一是构成初始事故场景的事件发生频率；二是事件发展达到某一致灾力强度的概率。发生频率是以具体的事件或者危险源设备（设施）为研究对象，通过定性或者定量的方法确定某一事件发生的概率。如果初始事件是由某一危险源设备（设施）发生破坏而引发的，那么确定初始事故的概率通常可以采用德尔菲法、因果分析图法、事件树、事故树、马尔可夫链等定性和定量的方法（表 4.2）。4.3.3 节展示了基于 LOC 事件频率以及事件树方法的初始事故频率分析，是初始事故场景分析中较有代表性的一类方法。

表 4.2　突发事件频率分析方法[37, 38]

定性研究	定量研究
专家评议法/德尔菲法	故障类型及影响分析
安全检查法	事故树分析
安全检查表分析法	概率分析方法
危险与可操作性研究	马尔可夫模型分析法
预先危险性分析	原因-结果分析法
作业条件危险性分析	管理失误和风险树分析
如果……怎么办法	事件树分析
因果分析图法	统计图表分析法

2. 辨识次生事故场景

在达到一定强度的初始事故的触发下，次生事故的期望频率可以计算为

$$f_{\text{de}} = f_{\text{pe}} \cdot P_d \tag{4.16}$$

式中，f_{de} 为次生事故发生的期望频率，次/年；f_{pe} 为初始事故发生的频率，次/年；P_d 为初始事故导致目标设备的损坏概率，表示在初始事故出现的情况下，初始事故达到某一致灾力强度的概率，可表示为

$$P_d = P(E \mid \text{PE}) \tag{4.17}$$

式中，E 为该致灾力强度的事故；PE 为初始事故。

如果初始事故和次生事故是同时发生的，那么式（4.16）是合理的。这表示从概率论的角度来说，次生事故和初始事故应该是互斥的。对于初始事故的物理效应可以采用一些成熟的计算模型或者运用一些软件进行计算。初始事件产生的物理效应和可能发生的次生事故的内在属性决定了次生事故发生的概率 P_d。对于 P_d 的计算通常采用三种方法：基于概率函数法、基于经验数据和基于最坏情况。通常采用基于经验数据的概率函数法对次生事故发生概率进行计算，即应用事故扩展升级模型，通过触发次生事故的致灾因子，计算事故扩展升级概率（详见 4.3.2 节）。

此外，在事件链中，有些事件是由若干个事件造成的影响共同触发的，这样次生事故的触发因素是多个。在这种情况下，很难用上面介绍的方法来定量地确定次生事故发生的概率，可采用选取影响因素分层分类的方法进行综合评价，并确定事件链之间的触发条件。

3. 多米诺事故场景分析

在复杂的现实环境中，一个初始事故可能触发多个次生事故，在这样的情况下，式（4.16）仍然是合理的，计算的是在初始事故的触发下，某一给定的次生

事故发生的频率。但是，如果考虑初始事故触发次生事故而形成的事件链场景，并分析其发生的频率，需要对所有可能出现的次生事故以及事件链场景进行综合分析。

因此，如果可能出现 N 个次生事故，那么考虑某个由 k（$k \le N$）个次生事故形成的事件链场景 m 的概率 $P_d^{(k,m)}$ 可以表示为[25]

$$P_d^{(k,m)} = \prod_{i=1}^{N} \left[1 - P_{d,i} + \delta\left(i, J_m^k\right)\left(2P_{d,i} - 1\right) \right] \qquad (4.18)$$

式中，$P_{d,i}$ 为第 i 个次生事故发生的概率；$J_m^k = [s_1, s_2, \cdots, s_k]$ 为 k 个事故同时发生的第 m 种事件链场景，当事故 i 属于这个场景组合时，$\delta\left(i, J_m^k\right)$ 满足：

$$\delta\left(i, J_m^k\right) = \begin{cases} 1, & i \in J_m^k \\ 0, & i \notin J_m^k \end{cases} \qquad (4.19)$$

初始事故触发 k（$k \le N$）个次生事故同时发生的总事件链场景的数目 v_k 为

$$v_k = \frac{N!}{(N-k)!k!} \qquad (4.20)$$

因此，初始事故可能触发的总的事件链场景的数目为

$$v = \sum_{k=1}^{N} v_k = 2^N - 1 \qquad (4.21)$$

式中，v 为初始事故发生时，可能触发的所有的事件链场景的数目。基于事件链场景的风险评估就是要对这 v 个事件链场景进行评估。

包含 k 个次生事故同时发生的第 m 种事件链场景的频率 $f_{de}^{(k,m)}$ 为

$$f_{de}^{(k,m)} = f_{pe} P_d^{(k,m)} \qquad (4.22)$$

对事件链进行风险评估时，如果包含 k 个事故同时发生的第 m 种事件链场景的频率值比较小，并且小于某一个给定的临界值，则可以忽略这一场景而不进行分析。这一临界值取决于实际风险评估过程的需要。

事件链场景发生的总概率 P_e 可以表示为

$$P_e = \sum_{k=1}^{N} \sum_{m=1}^{v_k} P_d^{(k,m)} \qquad (4.23)$$

因此，初始事故发生，不触发事件链出现的概率 $f_{pe,n}$ 为

$$f_{pe,n} = f_{pe}(1 - P_e) \qquad (4.24)$$

4. 多米诺事故风险评估

事件链可能产生的后果主要包括人员伤亡、经济损失和环境破坏等，下面仅从人员伤亡角度来分析和量化事故后果。

基于上述模型的讨论，事件链场景的后果是由多种突发事件造成的后果共同决定的，因此，事件链场景造成的后果是对多突发事件造成的后果的叠加。考虑由一个初始事故、n 个次生事故形成的事件链场景，那么该事件链场景对人体造成的脆弱性关系满足：

$$V_{de} = \varphi(D_{pe}, D_{d,1}, \cdots, D_{d,n}) \tag{4.25}$$

式中，φ 为需要定义的函数；D_{pe} 为触发事件链的初始事故对人体造成伤害的致灾力强度剂量；$D_{d,i}$ 为事件链中第 i 个次生事故对人体造成伤害的致灾力强度剂量。函数 φ 的确定既要考虑事件链场景中每一个事故对人体伤害的影响，也要考虑同时暴露在不同的物理效应（热辐射、超压等）面前而引起的协同效应将会导致的致死概率和致灾因子危险剂量间的非线性关系。

这里忽略不同致灾因子的协同效应，采用脆弱性概率模型进行分析。事件链场景造成的总体的脆弱性 V_{de} 可以由事件链场景中多个事故脆弱性的耦合进行计算。事实上，不同事故的脆弱性耦合可以采用不同的计算方法，在考虑脆弱性耦合时不能忽略脆弱性是随机量的事实，因此对脆弱性的耦合要遵循概率论的基本规则。下面介绍四种方法来确定事件链的总体脆弱性 V_{de}[39]。

（1）总体脆弱性是事件链场景中所有事故造成的脆弱性的叠加，考虑脆弱性是概率的特点，总脆弱性小于 1，可以表示为

$$V_{de} = \min\left[\left(V_{pe} + \sum_{i=1}^{n} V_{d,i}\right), 1\right] \tag{4.26}$$

式中，V_{de} 为总体脆弱性；V_{pe} 为初始事故造成的脆弱性；$V_{d,i}$ 为第 i 个次生事故造成的脆弱性；n 为次生事故数量。

（2）如果事件链中所有事故均为独立事故，事件链造成的脆弱性也是独立的，根据概率独立性的特点，总体脆弱性可以表示为

$$V_{de} = 1 - (1 - V_{pe})\prod_{i=1}^{n}(1 - V_{d,i}) \tag{4.27}$$

（3）人体伤害的脆弱性是由事故产生的危险剂量导致的，因此，总体脆弱性可以通过计算总体的危险剂量来获得，根据式（3.8）、式（4.4）、式（4.5）常用的人体脆弱性模型，总体的危险剂量计算为

$$D_{de} = \sum_{i=1}^{n} E_i^{\alpha} \Delta t_i \tag{4.28}$$

式中，E_i 为事件链中第 i 个事故的致灾力强度；α 为计算危险剂量的指数常数（$\alpha \geqslant 1$，具体值取决于具体的事故类型）；Δt_i 为不同事故发生的时间间隔；总体脆弱性可以通过总的危险剂量 D_{de} 并采用合理的脆弱性模型来计算。

（4）如果不考虑事件链中事故发生的时间关系，假定事件链中所有事故均为

同时发生的:

$$D_{de} = E_{pe}^{\alpha} t_{pe} + \sum_{i=1}^{n} E_i^{\alpha} t_{d,i} \tag{4.29}$$

式中, E_{pe} 为初始事故的致灾力强度; $t_{d,i}$ 为暴露时间。第（3）、（4）种方法只适用于事件链场景中的事故造成伤害的致灾力是相同的情况, 如热辐射、超压、毒气浓度等。

　　需要强调的是, 上面介绍的四种方法都是近似的方法, 对于事件链总体脆弱性的估计都是比较粗糙的。但是, 这些方法在风险评估的工程应用中是可接受的, 至少比较同类型事件链时是可以用上述方法比较相对大小的。如果从概率论的角度分析, 方法（2）是有一定合理性的, 在考虑每个事故对人体造成伤害的概率时, 将每一个事故作为独立事故是有一定道理的。但是方法（2）不能考虑危险剂量的非线性, 计算危险剂量的系数 α 通常是大于 1 的, 那么如果考虑多个事故均造成同种伤害的情况, 方法（2）的结果低估了事件链造成的脆弱性。方法（1）相比方法（2）来说更加简单, 因此, 计算的结果更加粗略, 但是却极大地减少了计算量, 节省了计算时间, 如果考虑同种伤害, 方法（1）同样低估了事件链造成的脆弱性。方法（3）更加适用于事件链中每一个事故均造成同种伤害的情况, 但是该方法的应用要求精确地确定事件链场景中每一个事故发生的时间关系, 这通常是非常困难的。方法（4）是对方法（3）的简化处理, 可以避免考虑不同事故发生的时间序列。方法（3）、（4）最大的局限性在于只适用于事件链中的事故造成的伤害是同种类型的情况。在事件链场景的实际风险评估中, 应根据具体的问题选用合适的方法, 有的时候需要联用上面介绍的几种方法。

4.4.2　基于蒙特卡罗模拟的风险定量评估方法

　　图 4.4 展示了基于蒙特卡罗模拟的风险定量评估方法的思路与基础步骤。首先, 方法最初的步骤为危险源分析, 这决定了风险定量评估需要应用的基础模型与初始事故种类和发生频率; 其次, 通过应用物理量场的多米诺事故发展过程模拟以及蒙特卡罗模拟, 可获知各事故场景的发生频率与动态人体死亡率; 最终, 通过统计计算, 可获知事故区域内的动态个人风险分布。

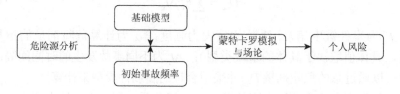

图 4.4　多米诺事故风险定量评估方法流程示意图

1. 方法流程步骤

多米诺事故动态风险的蒙特卡罗模拟定量评估方法包含以下六个步骤：准备阶段、初始事故确定、事故升级模拟、事故迭代模拟、蒙特卡罗模拟、结果分析。本节后续展开说明了每个步骤的内容，并利用图 4.5 详细说明了方法的各个步骤。

1）步骤一：准备阶段

在多米诺事故风险定量评估的准备阶段，需开展详细的危险源分析，包括现场构建、事故类别识别与基础模型选择，最常用的方法为预先危险分析法[40]。现场构建需完成对化工厂的空间、设备、危化品、环境与社会等信息的获取；事故类别识别基于对危险源信息、设备信息的现场构建；以此为基础，基础模型选择包括事故后果分析模型，损伤分析模型与事故蔓延、扩展、升级概率模型的选择。

2）步骤二：初始事故确定

确定初始事故种类与发生频率是多米诺事故发展过程模拟的首要步骤。向事故场景中的随机化工装置引入 LOC 事件，可根据相应事件树模型引发火爆毒初始事故；根据化工装置 LOC 事件发生频率以及事件树方法，可计算相应初始事故的发生频率；同时，根据初始事故场景，可计算化工厂区内的小尺度物理效应场，包括热辐射通量、冲击波超压与毒气浓度；通过应用事故蔓延、扩展、升级概率模型，可由物理效应场计算事故升级概率矩阵 P。

3）步骤三：事故升级模拟

本步骤的目的是开展从初始事故到一级次生事故的升级过程的模拟。基于初始事故的升级概率矩阵 P，可分析该事故场景中的化工装置在初始事故影响下的破坏概率，该分析过程由生成随机数 r_j 实现。例如，初始事故破坏化工装置 j 导致事故升级的概率为 P_j，若 $P_j \geqslant r_j$，则发生事故升级，物理效应场与升级概率矩阵需根据新的事故场景进行更新。若 $P_j < r_j$，则不发生事故升级。在本步骤中，事故场景中每一个未毁损的化工装置是否发生事故升级均需要根据其事故升级概率确定。

4）步骤四：事故迭代模拟

本步骤的目的是以单位时间为步长，开展事故升级过程的迭代模拟，直至多米诺事故发展过程结束。本步骤需要引入消防力量介入时刻的随机参数。如 4.2 节所述，消防力量的介入可以有效遏止多米诺事故的发展过程。在本方法中，消防力量的介入时刻即为多米诺事故发展过程的结束时刻。该随机时间参数满足峰值为 5min 的对数正态分布[10]。

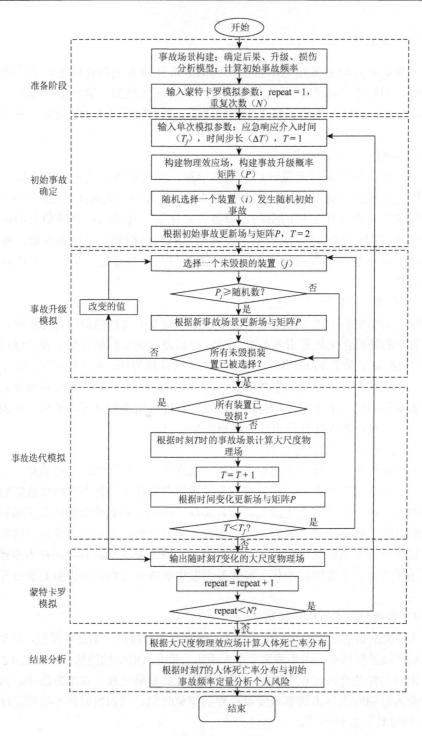

图 4.5　多米诺事故动态风险的蒙特卡罗模拟定量评估方法流程图

在事故迭代模拟的过程中，一旦发生事故升级，物理效应场与事故升级概率矩阵均需根据新的事故场景进行更新。同时，随着时间的推移，物理效应场与事故升级概率矩阵也应根据时间参数的变化进行更新。当消防力量介入或所有化工装置均发生事故升级时，事故迭代模拟结束。根据事故模拟过程中每一时刻的多米诺事故场景，可将相应小尺度的物理效应场拓展至化工厂区外，构建每一时刻的大尺度物理效应场，为区域个人风险的动态评估做准备。在迭代模拟步骤中，需要考虑各物理效应场间存在的物理耦合效应，以及多灾种耦合的事故危险性耦合效应对事故后果的影响。

5）步骤五：蒙特卡罗模拟

实现蒙特卡罗模拟需要对步骤二至步骤四进行大量重复。通过蒙特卡罗模拟，可获得该多米诺事故所有可能事故场景的初始事故发生频率以及大尺度物理效应场。由于蒙特卡罗模拟结果的数量庞大，其根据事故场景的分布具有统计意义。对蒙特卡罗模拟结果的统计分析，可替代原有事故风险评估方法中的复杂概率计算过程，从而获知各事故场景的发生频率，这是该方法的最大优势。

6）步骤六：结果分析

根据大尺度的物理效应场以及事故损伤分析模型的应用，可计算获得该区域中人体死亡率的动态分布。结合应用蒙特卡罗模拟结果概率分布的统计分析以及初始事故发生频率的确定，可通过式（4.15）计算区域的个人风险。通过该方法获得的风险定量评估结果为受影响区域的动态、大尺度的个人风险分布。在该步骤中，多灾种耦合环境中人体脆弱性耦合效应可以得到充分考虑并影响风险定量评估结果。

2. 方法优势与创新性分析

与多米诺事故风险定性与半定量评估方法相比，如风险指标法与风险矩阵法，风险定量评估方法的不确定性更低。风险定量评估能够为决策者提供更多有关风险的信息，并为事故的预防与应急提供更准确的指导。在各领域的风险与安全管理中，风险评估从定性到定量为普遍的发展趋势。

与已得到广泛应用的多米诺事故风险定量评估方法相比，如贝叶斯网络方法，本方法可避免大量且复杂的条件概率计算，这确保了风险评估方法步骤更加明晰。蒙特卡罗模拟的应用可使多米诺事故风险定量评估不忽略低发生概率或低事故后果的事故场景，这确保了风险评估结果更加准确。

与现有的应用蒙特卡罗模拟的风险定量评估方法相比，本方法在模型与算法上均有所改进。本方法将事故场景发生频率分析简化为初始事故发生频率的确定，避免在模拟过程中引入概率计算，这使该方法可以同时考虑两个及以上的同级次生事故。

　　不同于现有多数方法对物理效应矩阵的应用,本方法以物理量场为基础,开展多米诺事故发展过程的模拟,这弥补了现有方法无法考虑耦合效应影响的缺点。本方法不仅关注具体位置的事故物理效应,还关注该位置附近物理效应环境对该点事故物理效应与人体脆弱性的影响。小尺度物理效应场不仅可以实现多米诺事故发展过程的模拟,还可以考虑物理耦合效应与事故危险性耦合效应的影响。大尺度物理效应场则可以在计算人体死亡率的同时考虑人体脆弱性耦合效应的影响。

　　本方法的核心优势还在于能够实现多米诺事故风险的动态评估。通过事故后果动态分析模型的应用、时间参数的引入以及消防力量介入时刻的确定,可记录各时刻的多米诺事故场景,并还原多米诺发展的动态过程,从而通过风险分析与评价实现多米诺事故风险的动态评估与展示。

4.5　方法在实例中的应用

4.5.1　实例分析

　　本节将介绍多米诺事故动态风险的蒙特卡罗模拟定量评估方法在江苏响水爆炸事故案例中的应用,旨在验证方法的有效性与可靠性,并基于方法的应用结果开展多米诺事故发展特征、火爆毒事故风险特征以及消防力量介入影响的研究。

　　根据事故调查报告[7]以及天嘉宜化工有限公司的安全评价报告[41],该化工厂中的液体与气体危化品储存于不同尺寸的水平及垂直储罐中,固体危化品与硝化废料则储存于仓库中。由于实际事故现场过于复杂,在方法应用的过程中进行了一系列合理简化,如混合硝化废料的物化性质由其中含量最高的硝化物作为代表;仓库中储存的各类危化品的物化性质由占比最高的苯二胺代表;未考虑复杂、小尺寸的化工装置的影响,如管道、热交换器等。以上适度简化旨在降低风险计算的复杂性,不会显著影响风险定量评估结果的准确性。图 4.6 展示了简化事故现场的平面图。

　　1. 事故分析模型与事故频率分析

　　1)事故分析模型
　　根据化工厂中危化品的种类与物化性质,图 4.1 所示的事故分析基础模型可进行简化。例如,由于事故现场可燃物储罐均为常压储罐,因而喷射火后果分析模型不在本实例分析的应用范围内。图 4.7 展示了本实例分析所需应用的事故后

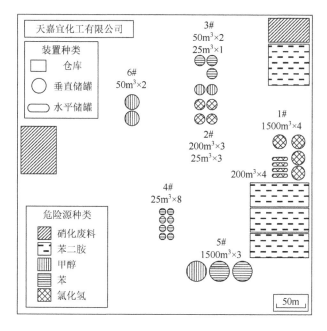

图 4.6　响水事故现场简化平面图（1#、2#等表示罐区序号）

果分析模型。本实例分析应用的损伤分析模型如式（4.4）、式（4.5）与式（3.17）所示，应用的事故蔓延、扩展、升级概率模型如式（4.6）、式（4.7）、式（4.8）、式（4.10）、式（4.12）与式（4.14）所示。

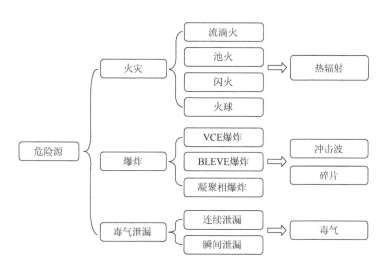

图 4.7　实例分析应用的事故后果分析模型

2）初始事故发生频率分析

在本实例的分析中，各可能初始事故的发生频率均可通过 LOC 事件发生频率与事件树方法的应用确定。毒气泄漏事故的发生频率与储罐 LOC 事件的发生频率相同，凝聚相爆炸作为初始事故的发生频率也可通过查阅参考指导书籍确定。苯与甲醇作为易燃易挥发液体，相应事件树更复杂。苯与甲醇的 LOC 事件可能引发池火、闪火、流淌火、VCE 爆炸作为初始事故，而火球、BLEVE 爆炸因为需要加热或爆炸冲击波一类的外部影响触发，不在初始事故种类中进行考虑。通过 LOC 事件发生频率的确定以及事件树方法的应用，可以确定本实例分析中所有可能的初始事故种类对应的发生频率，如表 4.3 所示。

表 4.3　实例分析中各可能初始事故的发生频率

初始事故种类	频率/(次/年)
池火	6.5×10^{-6}
闪火	5.61×10^{-5}
流淌火	8.8×10^{-4}
VCE 爆炸	3.74×10^{-5}
凝聚相爆炸	1×10^{-5}
毒气连续泄漏	4.76×10^{-6}
毒气瞬间泄漏	9.52×10^{-5}

2. 多米诺事故发展过程模拟

多米诺事故发展过程模拟包括初始事故引入、事故升级模拟、事故迭代模拟三个步骤。随机的初始事故被引入随机的化工装置中，导致该区域物理效应场与事故升级概率矩阵变化更新。在迭代模拟过程中，物理效应场随事故发展过程而更新，从而实现多米诺事故发展过程模拟。

以由发生在化工厂东北角仓库的池火灾引发的多米诺事故为例，图 4.8 展示了多米诺事故发展过程模拟的结果。事故发生的第一秒，在仓库中引入了初始事故池火灾，导致仓库附近热辐射通量快速上升，如图 4.8（a）所示；当燃烧发生 147s 之后，热辐射导致 5 号储罐破坏并引发了 VCE 爆炸。图 4.8（b）展示了由爆炸产生的冲击波的超压分布；爆炸导致了化工厂中所有储罐的破坏，如图 4.8（c）与图 4.8（d）所示，爆炸发生后一秒，厂区中所有储罐均发生了燃烧或爆炸，导致热辐射通量与冲击波超压在厂区内的广泛分布；在事故发生 148s 后，厂区进入了燃烧与毒气泄漏的稳定阶段，直至消防力量介入。

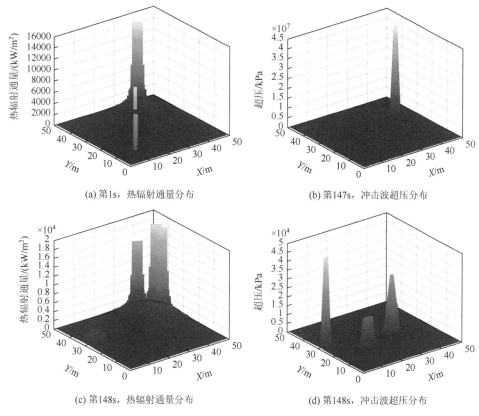

(a) 第1s，热辐射通量分布　　　　　　　(b) 第147s，冲击波超压分布

(c) 第148s，热辐射通量分布　　　　　　(d) 第148s，冲击波超压分布

图 4.8　多米诺事故发展过程模拟结果示例

X、Y 轴数值与实际距离比例为 1∶10

3. 蒙特卡罗模拟与结果分析

通过对多米诺事故发展过程模拟的 10 000 次重复，可获得大量多米诺事故场景发展过程对应的小尺度物理效应场。通过将物理效应场由小尺度拓展为大尺度，可获知化工厂及其周边区域的热辐射通量、冲击波超压、毒气浓度分布。这一转换阶段为在多米诺事故风险定量评估结果中考虑物理耦合效应以及事故危险性耦合效应提供了渠道。

利用事故损伤分析模型，可根据大尺度物理效应场计算区域人体死亡率分布，这一过程也为在风险定量评估中考虑人体脆弱性耦合效应影响提供了渠道。结合初始事故的发生频率，可通过式（4.15）计算区域动态个人风险分布。图 4.9 展示了由蒙特卡罗模拟获得的动态个人风险分布，图 4.10 展示了图 4.9 对应的最大可接受个人风险位置，该化工厂周边的最大可接受个人风险为 1×10^{-5} [42]。

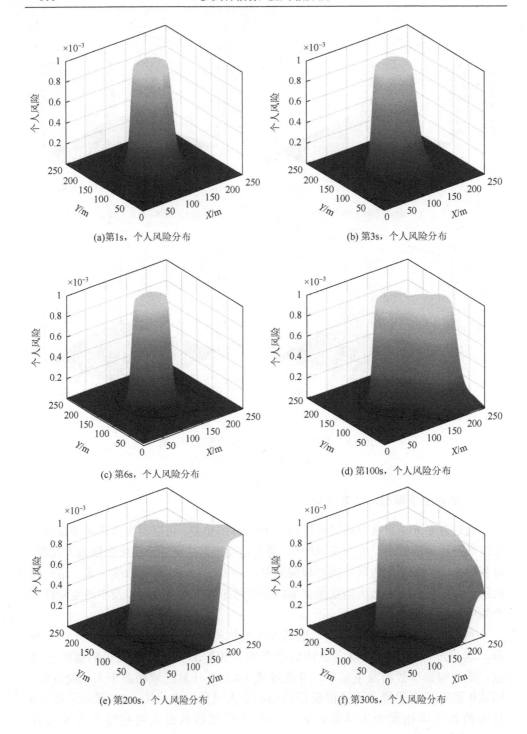

(a)第1s，个人风险分布

(b) 第3s，个人风险分布

(c) 第6s，个人风险分布

(d) 第100s，个人风险分布

(e)第200s，个人风险分布

(f)第300s，个人风险分布

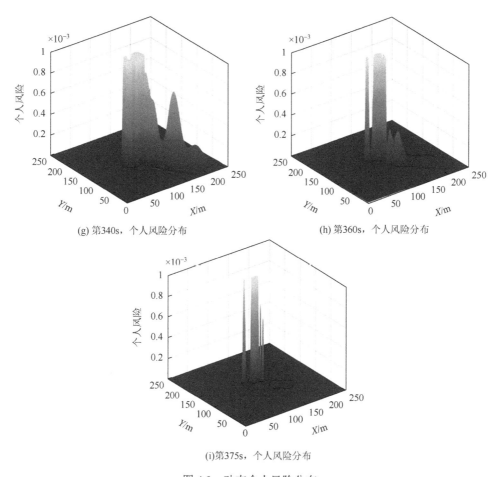

(g) 第340s，个人风险分布

(h) 第360s，个人风险分布

(i)第375s，个人风险分布

图 4.9　动态个人风险分布

X、Y 轴数值与实际距离比例为 1：10

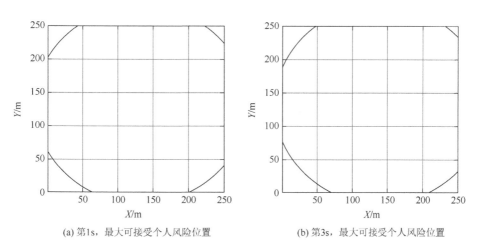

(a) 第1s，最大可接受个人风险位置

(b) 第3s，最大可接受个人风险位置

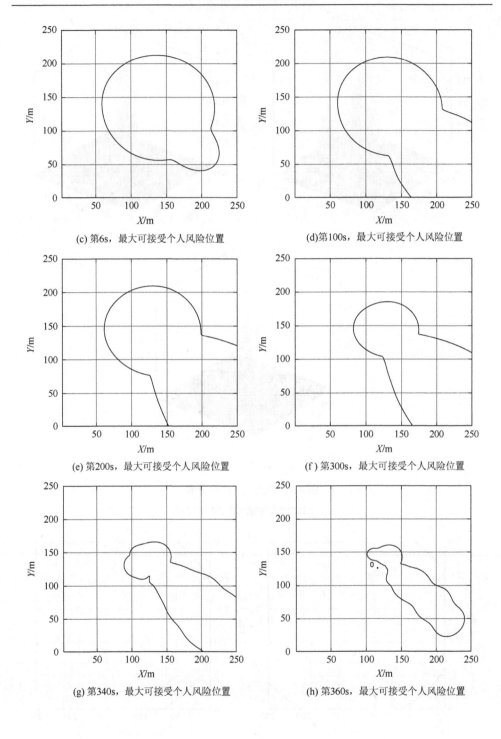

(c) 第6s，最大可接受个人风险位置

(d)第100s，最大可接受个人风险位置

(e) 第200s，最大可接受个人风险位置

(f) 第300s，最大可接受个人风险位置

(g) 第340s，最大可接受个人风险位置

(h) 第360s，最大可接受个人风险位置

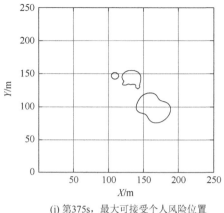

(i) 第375s，最大可接受个人风险位置

图 4.10　动态个人风险对应的最大可接受个人风险位置

X、Y 轴数值与实际距离比例为 1∶10

4.5.2　多米诺事故特征分析

基于方法应用实例的蒙特卡罗模拟结果，本节将开展多米诺事故的特征分析，包括多米诺事故的发展阶段特征与风险特征。

1. 多米诺事故的发展阶段特征

图 4.9 与图 4.10 展示了多米诺事故发展过程中随时间变化的个人风险分布，以此为基础，可分析总结多米诺事故各发展阶段的特征。

1）快速发展阶段

从图 4.9（a）～图 4.9（c）与图 4.10（a）～图 4.10（c）可以看出，在初始事故发生后的 10s 内，多米诺事故风险分布发生了快速变化。这是由于在多米诺事故的初始阶段，爆炸事故引入的风险在个人风险中占主导地位。若多米诺过程的初始事故为爆炸事故，会快速破坏事故场景中其他的化工装置并导致新的火灾及爆炸事故。爆炸事故倾向于集中、接连发生的特点，导致爆炸风险主要集中体现在多米诺事故的发展早期，这也导致多米诺事故风险在发展初期存在较大幅度的波动。由于爆炸事故在初期频发，多米诺事故发生的前 10s 可认为是其"快速发展阶段"。

2）稳定阶段

在快速发展阶段之后，多米诺事故发展进入"稳定阶段"。在这一阶段中，爆炸不再频繁发生，取而代之的是火灾与毒气泄漏事故在多米诺事故个人风险中占主导地位。图 4.9（d）～图 4.9（f）与图 4.10（d）～图 4.10（f）展示了火灾风险的稳定分布，以及毒气泄漏风险受风速与风向的影响。多米诺事故发展稳定阶段从事故发生后第 10s 一直持续至第 300s。

3）衰减阶段

如图 4.9（g）～图 4.9（i）与图 4.10（g）～图 4.10（i）所示，从事故发生后第 300s 至第 500s 是多米诺事故发展的衰减阶段。在这一阶段，大多数多米诺事故的发展会因为消防力量的介入而停止。随着越来越多的多米诺事故停止发展，个人风险逐渐衰减至 0。通过对多米诺事故快速发展阶段、稳定阶段、衰减阶段的个人风险分布特征的了解，可加深对多米诺事故发展特征的认知。

2. 多米诺事故风险特征

本节在响水事故现场及其周边选择了三个区域，开展了个人风险特征的研究分析。三个区域分别是化工厂西北角的环保设施区域、东南角的办公区以及天嘉宜化工有限公司西南侧的另一处化工厂，均为人口相对稠密的区域。图 4.11 展示了这三个区域的具体位置。

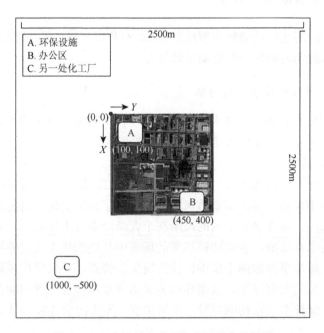

图 4.11　三个区域在响水事故场景中的位置

图 4.12 展示了三个区域的多米诺事故个人风险随时间变化的曲线。图中，不同位置的个人风险曲线展示了不同事故类型引入的个人风险的鲜明特征。在多米诺事故的快速发展阶段，A 区与 B 区的个人风险曲线均因受到爆炸事故的影响而

形成了显著的峰值，可定义为"爆炸峰"。由于距离爆炸中心相对较远，C 区个人
风险曲线的爆炸峰并不明显。

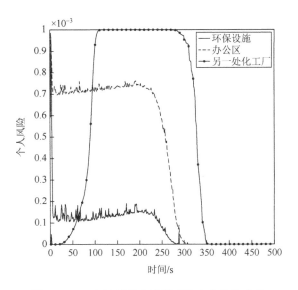

图 4.12　三个区域的多米诺事故个人风险曲线

当多米诺事故发展进入稳定阶段（第 10～300s）后，A 区与 B 区由于受到火
灾影响，个人风险曲线进入相对平缓的阶段，该风险特征可被定义为"火灾坪"。
由图 4.12 可见，由于 B 区距离燃烧中心更近，其火灾坪也相对更高。同时，A 区
与 B 区也受到零星发生的爆炸事故影响，其火灾坪上也出现了分散的爆炸峰。

C 区受到火灾与爆炸的影响相对较小，但因为其处于下风向，该区域受到了
毒气泄漏事故的严重影响。C 区由毒气泄漏事故引入的个人风险在图 4.12 中以有
斜率的坡度上升，可被定义为"毒气坡"。

图 4.12 也展示了其他有用的信息，例如，多米诺事故中毒气泄漏事故影响的
迟滞效应。在多米诺事故发展的稳定阶段，C 区的个人风险相较于 A 区与 B 区更
大，这说明多米诺事故中毒气泄漏事故的潜在破坏力不可忽略。由于消防力量的
介入，A 区与 B 区的个人风险在第 300s 左右降至 0。然而在 C 区，个人风险直至
第 350s 才降至 0，这展示了毒气泄漏事故对下风向区域的迟滞影响。毒气泄漏的
迟滞影响对多米诺事故应急提出了要求：即使多米诺事故的发展得到了有效遏止，
对受毒气泄漏影响的下风向区域仍需采取额外的应急措施。

图 4.12 展示的个人风险曲线也能为多米诺事故应急与人员疏散提供参考与指
导。A 区受爆炸事故影响最大，其火灾坪相对较低。对于 A 区，建筑与化工装置
应采取防爆炸冲击波与碎片冲击设计，还应为工作人员准备防爆炸冲击波与碎片

设施以及个人防护装备。当多米诺事故发展进入稳定阶段后，A 区人员应朝远离事故中心的上风向进行疏散。

然而，B 区在受到同样严重爆炸事故影响的同时，其火灾坪也相对更高。B 区应同时准备爆炸冲击波、碎片与火灾热辐射应急设施以及个体防护装备。多米诺事故发生后，B 区人员应在防护设施中等待救援，不应盲目逃生。消防力量也应提高 B 区在应急救援中的优先级。

C 区人员在事故发生后有近 100s 的疏散时间，应尽快朝垂直于风向且远离事故中心的方向进行疏散。同时，C 区也应预先准备针对毒气泄漏事故的应急装置与个体防护装备，C 区人员还应定期开展应急疏散演练以提升人员疏散效率。

4.5.3　多米诺效应影响的定量分析

根据多米诺事故初始事故种类的比例（火灾：爆炸 = 43%：57%），本章的实例分析还开展了 4300 次以火灾为初始事故以及 5700 次以爆炸为初始事故的多米诺事故发展过程蒙特卡罗模拟。不考虑多米诺效应影响的事故发展过程蒙特卡罗模拟结果如图 4.13 所示，考虑多米诺效应影响的多米诺事故发展过程蒙特卡罗模拟结果如图 4.14 所示，图中事故后果比例指代发生燃烧、爆炸、泄漏的危化品占该类危化品总量的比例。通过图 4.13 与图 4.14 的对比，可以得出以下结论。

（1）由于多米诺效应的影响，两次蒙特卡罗模拟得到的结果存在显著区别。最大的区别在于火灾、爆炸事故后果累积分布函数曲线在末端的变化：图 4.13 中，火灾事故后果累积分布函数曲线的上升过程基本在 0～0.4 区间内，而在图 4.14 中，火灾事故后果累积分布函数曲线在邻近末端的位置出现了突变上升。这说明由于多米诺效应的影响，事故后果严重的火灾在多米诺事故中的发生频率出现了显著上升。同样，相比于图 4.13，图 4.14 中的爆炸事故后果累积分布函数也在末端出现了陡峭的上升过程。这说明在多米诺事故中，事故后果严重的爆炸事故的发生频率也出现了显著提升。

（2）与火灾不同的是，图 4.14 中爆炸事故后果累积分布函数曲线在前端也变得更加陡峭，这说明在多米诺事故中，爆炸事故倾向于"不发生"或"全部发生"。在多米诺事故中一旦发生爆炸事故，则很可能会由于多米诺效应的影响而导致事故后果严重的爆炸的发生。爆炸事故的发生也极易引发新的火灾并推动燃烧的蔓延，从而导致大量多米诺事故场景中的事故后果严重的火灾的发生。凭借这一特性，爆炸事故成为多米诺效应实现其影响的最重要载体。从另一个角度说，削弱多米诺效应对事故风险影响的核心在于防止爆炸事故的发生。

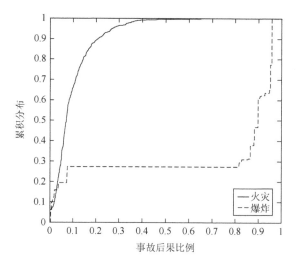

图 4.13　未考虑多米诺效应影响的事故后果累积分布函数

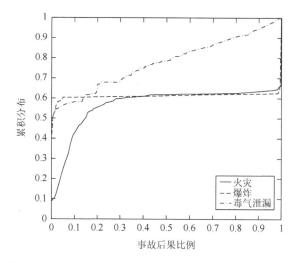

图 4.14　考虑多米诺效应影响的事故后果累积分布函数

（3）图 4.13 并未将毒气泄漏事故考虑在内，这是由于在不考虑多米诺效应的影响时，火灾与爆炸作为初始事故无法引发毒气泄漏事故，所以其事故后果累积分布函数无法在图 4.13 中直观地体现。图 4.14 展示了毒气泄漏事故后果累积分布函数，其曲线出现平缓的上升趋势。这说明多米诺效应提升了不同严重程度的毒气泄漏事故在多米诺事故中发生的可能性。由于毒气泄漏事故完全由火灾、爆炸事故引发，各事故后果的毒气泄漏事故的发生频率相近，所以其累积分布函数的上升斜率也相对更稳定。

　　图 4.15 展示了火爆毒事故分别导致的人体死亡率，图 4.16 展示了综合死亡率随距离变化的曲线。图中虚线为考虑了多米诺效应影响的人体死亡率曲线，通过与未考虑多米诺效应的曲线（实线）对比，可实现多米诺效应影响的量化分析。

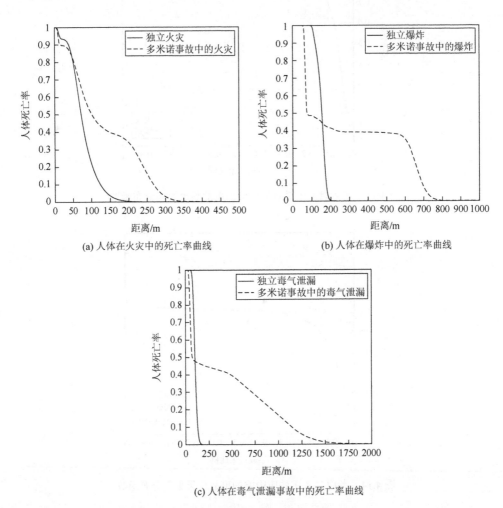

(a) 人体在火灾中的死亡率曲线

(b) 人体在爆炸中的死亡率曲线

(c) 人体在毒气泄漏事故中的死亡率曲线

图 4.15　火爆毒事故分别导致的人体死亡率曲线

　　如图 4.15 所示，受多米诺效应影响，更多后果严重的火爆毒事故在多米诺事故中发生的可能性上升，导致人体在多米诺事故中的死亡率明显高于未考虑多米诺效应影响的独立事故，且影响范围更大。

　　多米诺效应的影响也导致了图 4.16 中综合死亡率的上升。如图 4.16 所示，在未考虑多米诺效应影响的情况下，人体死亡率在距离事故中心约 200m 的位置即可下降至可忽略的水平。然而，受多米诺效应的影响，相应安全距离增大至 1500m

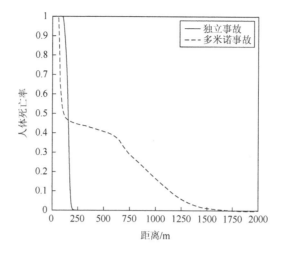

图 4.16　火爆毒事故的综合人体死亡率曲线

以上，不仅远大于独立事故的安全距离 200m，还远大于当地政策要求的化工厂安全距离——500m[43]。政策要求的安全距离与事故影响范围之间存在的巨大差距，是该起事故导致严重事故后果的主要原因之一。事故调查报告中的描述也验证了以上结论：爆炸事故直接摧毁了 500m 内的所有建筑，距离事故中心 1000m 内的建筑门窗受到了严重破坏，爆炸冲击波及碎片在这一范围内造成了严重的人员伤亡。1500m 内多所学校、幼儿园的学生在事故中受伤严重，爆炸冲击波甚至波及了最远 15km 外的建筑[7]。

　　图 4.17 展示了多米诺效应对化工厂安全距离的影响。由于多米诺效应的存在，后果严重的火爆毒事故的发生可能性上升，导致化工厂的最大个人风险可接受距离远大于政策要求的安全距离。在考虑多米诺效应影响的情况下，化工厂的安全距离应大幅增加，化工厂附近区域的用地规划、应急准备等也应进行相应的调整。

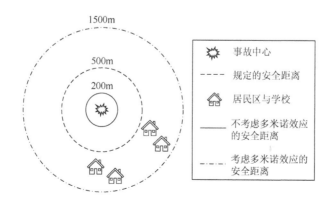

图 4.17　多米诺效应对化工厂安全距离的影响

4.5.4　消防力量介入对多米诺效应的影响

　　消防力量的介入可以有效阻断多米诺事故的发展，限制多米诺效应的影响，降低后果严重的事故的发生频率。然而，在火爆毒多灾种耦合的复杂多米诺事故场景中，消防力量的介入面临以下几个因素的影响：燃烧与爆炸对现场造成的破坏以及堵塞；潜在的火灾与爆炸威胁对消防决策的影响；有毒环境作业对专业设备与人员的需求。消防力量介入的延迟会造成更严重的多米诺事故后果，本节将消防力量介入的时刻延后 10%、20%、30%、50%和100%，并开展多米诺事故发展的蒙特卡罗模拟。图 4.18 展示了消防力量介入时刻延迟对多米诺效应影响的敏感性分析结果。图 4.19 进一步展示了距离事故中心 500m、1000m 及 1500m 处的人体死亡率受消防力量介入延迟影响的上升趋势。

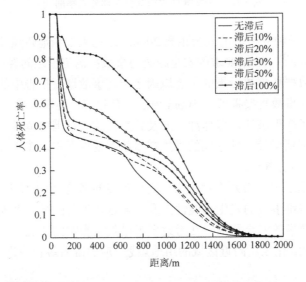

图 4.18　消防力量介入延迟对多米诺效应影响的敏感性分析

　　如图 4.18 所示，消防力量介入延迟对多米诺效应有显著影响。消防力量介入延迟越久，多米诺效应影响越显著，后果严重的事故发生频率越高，多米诺事故后果越严重。如图 4.19 所示，与事故中心距离越近的位置，消防力量介入延迟对多米诺效应影响的敏感性越高，事故后果与人体死亡率受影响的程度越大。

　　本节还开展了应急响应介入滞后对风险评估结果影响的敏感性分析。图 4.20 展示了多米诺事故发展第 400s 的最大可接受个人风险轮廓线受应急响应介入延迟影响的敏感性分析结果。由图 4.20 可见，消防力量的滞后介入延长了多米诺事故发展的稳定阶段、延后了衰减阶段，导致同一时刻的个人风险增大。

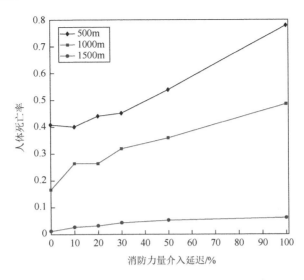

图 4.19　不同位置处人体死亡率受消防力量介入延迟影响的变化趋势

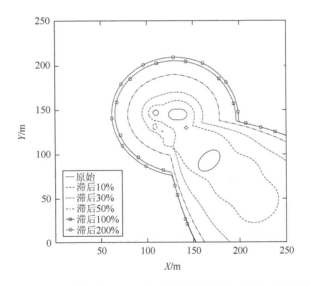

图 4.20　应急响应介入延迟对风险评估结果影响的敏感性分析

X、Y 轴数值与实际距离比例为 1∶10

4.6　本 章 小 结

　　本章提出了基于场景分析以及基于蒙特卡罗模拟的多米诺事故风险定量评估方法，旨在实现多米诺事故风险的动态、定量评估，从而实现提升多米诺事故风险评估方法的准确性与适用性的研究目标。本章介绍了两类风险评估方法的基础模型与步骤流程，并将其应用于实际事故案例分析中，验证了风险定量评估方法的有效性。基于方法应用实例的风险评估结果，本章还开展了多米诺事故特征分析。本章主要的研究成果与结论总结如下。

（1）本章介绍了多米诺事故风险定量评估的事故分析基础模型以及事故频率分析方法。通过对事故升级概率模型与 LOC 事件发生频率分析方法的介绍，完成了多米诺事故分析基础模型与方法框架的构建，为后续介绍多米诺事故风险定量评估方法提供了理论基础。

（2）本章提出了基于事件链场景的突发事件风险定量评估方法。通过计算突发事件次生事件发生的概率、分析和计算可能事件链场景的概率和频率，对关注的事件链场景进行风险定量评估；突发事件链风险定量评估方法可以帮助管理者对突发事件的风险管理从单事件、单环节的管理转变为多事件、多环节的管理。

（3）本章提出了多米诺事故动态风险的蒙特卡罗模拟定量评估方法，并详细介绍了方法的流程步骤。该方法可分为以下六个步骤：准备阶段、初始事故确定、事故升级模拟、事故迭代模拟、蒙特卡罗模拟、结果分析。本章还开展了该方法的优势与创新性分析，说明了蒙特卡罗模拟与物理量场方法在处理多米诺事故风险定量评估问题中的优势。

（4）本章基于方法应用实例的风险定量评估结果，开展了多米诺事故特征的量化研究。基于对多米诺事故动态个人风险分布的分析，本章总结归纳了多米诺事故发展的三个阶段——快速发展阶段、稳定阶段、衰减阶段，揭示了多米诺事故的发展规律，为后续开展多米诺事故研究提供了理论基础；基于对事故现场及周边三个人口稠密区的个人风险曲线的分析，本章还总结了火爆毒事故个人风险的特征——火灾坪、爆炸峰、毒气坡，为多米诺事故的预防、应急、人员疏散提供了指导。本章得出了以下结论：受多米诺效应的影响，产生严重后果的火爆毒事故在多米诺事故中发生的可能性显著上升，从而造成多米诺事故的事故后果与人体死亡率显著高于未考虑多米诺效应影响的独立事故；本章还开展了应急响应介入对风险评估结果影响的敏感性分析，指出应急响应介入延迟均会导致多米诺事故风险的增大。

参 考 文 献

[1]　Chen C，Reniers G，Zhang L. An innovative methodology for quickly modeling the spatial-temporal evolution of domino accidents triggered by fire[J]. Journal of Loss Prevention in the Process Industries，2018，54：312-324.

[2]　Khakzad N，Khan F，Amyotte P，et al. Domino effect analysis using Bayesian networks[J]. Risk Analysis，2013，33（2）：292-306.

[3]　Khakzad N，Khan F，Amyotte P. Safety analysis in process facilities：Comparison of fault tree and Bayesian network approaches[J]. Reliability Engineering & System Safety，2011，96（8）：925-932.

[4]　Zhou J，Reniers G. Modeling and analysis of vapour cloud explosions knock-on events by using a Petri-net

approach[J]. Safety Science，2018，108：188-195.

[5]　Zhou J，Reniers G. Petri-net based evaluation of emergency response actions for preventing domino effects triggered by fire[J]. Journal of Loss Prevention in the Process Industries，2018，51：94-101.

[6]　Aliabadi M M，Ramezani H，Kalatpour O. Application of the bow-tie analysis technique in quantitative risk assessment of gas condensate storage considering domino effects[J]. International Journal of Environmental Science and Technology，2022，19（6）：5373-5386.

[7]　国务院事故调查组. 江苏响水天嘉宜化工有限公司 "3·21" 特别重大爆炸事故调查报告[EB/OL]. [2019-11-01]. https://www.mem.gov.cn/gk/sgcc/tbzdsgdcbg/2019tbzdsgcc/201911/P020191115565111829069.pdf.

[8]　Abdolhamidzadeh B，Abbasi T，Rashtchian D，et al. Domino effect in process-industry accidents—An inventory of past events and identification of some patterns[J]. Journal of Loss Prevention in the Process Industries，2011，24（5）：575-593.

[9]　Särdqvist S，Holmstedt G. Correlation between firefighting operation and fire area：Analysis of statistics[J]. Fire Technology，2000，36（2）：109-130.

[10]　彭晨. 消防响应时间统计规律及其与城市火灾规模相关性研究[D]. 合肥：中国科学技术大学，2010.

[11]　Centre for Chemical Process Safety. Guidelines for Chemical Process Quantitative Risk Analysis[M]. New York：American Institute of Chemical Engineers，2000.

[12]　The Netherlands Organization for Applied Scientific Research. Methods for the Calculation of Physical Effects[M]. The Hague：Committee for the Prevention of Disasters，1997.

[13]　Assael M J，Kakosimos K E. Fires，Explosions，and Toxic Gas Dispersions：Effects Calculation and Risk Analysis[M]. Boca Raton：CRC Press，2010.

[14]　Casal J. Evaluation of the Effects and Consequences of Major Accidents in Industrial Plants[M]. Amsterdam：Elsevier，2017.

[15]　Society of Fire Protection Engineers. SFPE Handbook of Fire Protection Engineering[M]. Greenbelt：Springer，2015.

[16]　Hyatt N. Guidelines for Process Hazard Analysis，Hazards Identification & Risk Analysis[M]. Richmond Hill：Dyadem Press，2002.

[17]　Jujuly M M，Rahman A，Ahmed S，et al. LNG pool fire simulation for domino effect analysis[J]. Reliability Engineering & System Safety，2015，143：19-29.

[18]　de Souza-Santos M L. Solid Fuels Combustion and Gasification：Modeling，Simulation，and Equipment Operations [M]. 2nd ed. Boca Raton：Taylor & Francis，2010.

[19]　Tillman D. The Combustion of Solid Fuels and Wastes[M]. Bellevue：Academic Press，2012.

[20]　Baker W E，Cox P A，Kulesz J J，et al. Explosion Hazards and Evaluation[M]. Amsterdam：Elsevier，2012.

[21]　Fickett W，Davis W C. Detonation：Theory and Experiment[M]. New York：Courier Corporation，2000.

[22]　Toja-Silva F，Pregel-Hoderlein C，Chen J. On the urban geometry generalization for CFD simulation of gas dispersion from chimneys：Comparison with Gaussian plume model[J]. Journal of Wind Engineering and Industrial Aerodynamics，2018，177：1-18.

[23]　Cao B，Cui W，Chen C，et al. Development and uncertainty analysis of radionuclide atmospheric dispersion modeling codes based on Gaussian plume model[J]. Energy，2020，194：116925.

[24]　韩朱旸. 城市燃气管网风险评估方法研究[D]. 北京：清华大学，2010.

[25]　Cozzani V，Gubinelli G，Antonioni G，et al. The assessment of risk caused by domino effect in quantitative area risk analysis[J]. Journal of Hazardous Materials，2005，127（1/2/3）：14-30.

[26] The Netherlands Organization for Applied Scientific Research. Methods for the Determination of Possible Damage[M]. The Hague：Committee for the Prevention of Disasters，1992.

[27] Lees F. Lees' Loss Prevention in the Process Industries：Hazard Identification，Assessment and Control[M]. Waltham：Butterworth-Heinemann，2012.

[28] 国家安全生产应急救援指挥中心. 安全生产应急管理[M]. 北京：煤炭工业出版社，2007.

[29] Huang X J，Sun J H，Ji J，et al. Flame spread over the surface of thermal insulation materials in different environments[J]. Chinese Science Bulletin，2011，56（15）：1617-1622.

[30] 陈朗，王晨，鲁建英，等. 炸药殉爆实验和数值模拟[J]. 北京理工大学学报，2009，29（6）：497-500，524.

[31] Henkin H，McGill R. Rates of explosive decomposition of explosives：Experimental and theoretical kinetic study as a function of temperature[J]. Industrial & Engineering Chemistry，1952，44（6）：1391-1395.

[32] van Steen J F J. Expert opinion in probabilistic safety assessment[C]//Libberton G P.10th Advances in Reliability Technology Symposium. Dordrecht：Springer，1988：13-26.

[33] Landucci G，Gubinelli G，Antonioni G，et al. The assessment of the damage probability of storage tanks in domino events triggered by fire[J]. Accident Analysis & Prevention，2009，41（6）：1206-1215.

[34] Eisenberg N A，Lynch C J，Breeding R J. Vulnerability model. A simulation system for assessing damage resulting from marine spills[R]. Rockville：Environment Control Inc，1975.

[35] Nguyen Q B，Mebarki A，Saada R A，et al. Integrated probabilistic framework for domino effect and risk analysis[J]. Advances in Engineering Software，2009，40（9）：892-901.

[36] Klein J A，Dean S. Develop a loss-of-containment reduction program[J]. Chemical Engineering Progress，2020，116（6）：35-40..

[37] 国家安全生产监督管理局. 安全评价[M]. 北京：煤炭工业出版社，2004.

[38] 罗云，樊运晓，马晓春. 风险分析与安全评价[M]. 北京：化学工业出版社，2004.

[39] 严传俊，范玮. 燃烧学[M]. 西安：西北工业大学出版社，2005.

[40] Cameron I，Mannan S，Németh E，et al. Process hazard analysis，hazard identification and scenario definition：Are the conventional tools sufficient，or should and can we do much better？[J]. Process Safety and Environmental Protection，2017，110：53-70.

[41] 江苏省环科院环境科技有限责任公司. 江苏天嘉宜化工有限公司环保设施效能评估及复产整治报告[EB/OL].·[2018-07-04]. http://www.doc88.com/p-91261821418976.html.

[42] 贺治超，毕先志，翁文国. 基于蒙特卡洛模拟的多米诺事故风险量化管理[J]. 中国安全生产科学技术，2020，16（12）：11-16.

[43] 江苏省环境保护厅. 江苏省化工园区环境保护体系建设规范（试行）[EB/OL]. [2014-02-18]. https://www.renrendoc.com/paper/216366668.html.

第5章 自然灾害链风险管理

5.1 概　　述

随着全球变暖等气候变化，极端天气等自然灾害在世界范围内的发生频率和强度都在不断增加，造成大量人员伤亡和经济损失[1-5]，突如其来的灾难每年都导致数以百万计的民众流离失所。仅 2014 年，全球因自然灾害而新增的流离失所人口就高达 1930 万人[6]。

自然灾害种类多、频度高、分布广使中国成为世界上受自然灾害影响严重的国家之一。在 2000～2019 年，全球极端自然灾害事件骤增至 7348 起，而这一数字在 1980～1999 年为 4212 起，增长幅度超过 70%。我国每年受自然灾害影响的人口占比超过 10%，包括基础设施系统在内的直接经济损失超过 3000 亿元/年[6, 7]。

联合国于 1989 年 12 月 22 日通过第 44/236 号决议，宣布 1990～1999 年为"国际减少自然灾害十年"，在全世界范围内开展减轻自然灾害十年活动[8]，国家层次的自然灾害减灾综合研究迅速在世界范围内兴起[9]，学者经过不断努力，逐步建立和完善了对地震、台风、洪涝等自然灾害风险评估的理论体系与方法框架[10-13]。然而随着城市化、工业化发展不断加速，人类对自然界造成的影响日益广泛和深刻，相较于传统的单因灾害，混合各种因素、后果更加严重的复杂自然灾害链逐渐成为自然灾害更为常见的形式。面对灾害链中复杂的链生关系，传统自然灾害风险评估方法存在不准确、不适用的问题，亟待改进完善。

当前我国发展迅速，改革和发展都处于关键时期，面临着经济和社会发展的重要机遇，对如何在自然灾害频发的严峻形势下维持社会经济稳定可持续发展提出了重要挑战。开展对我国自然灾害链形成规律和风险评估方法的研究，对增强城市防灾减灾能力，贯彻实施我国可持续发展战略有着极为重要的科学与实践价值。本章 5.1 节概述自然灾害链的研究背景与研究价值；5.2 节对自然灾害链展开具体描述和定义，给出自然灾害链的定义与特征，建立数学描述，搭建自然灾害链风险评估与管理框架；5.3 节总结自然灾害链的风险识别方法，分为定性方法和定量方法；5.4 节对自然灾害链中的风险进行分析，建立静态和动态风险分析数学模型；5.5 节对自然灾害链风险评价方法展开研究，总结自然灾害风险评价指标体系；5.6 节从前面建立的理论和方法出发，提出自然灾害链的风险应对方法和管理流程；5.7 节对本章的研究工作和主要结论进行总结，对未来的研究工作进行展望。

5.2　自然灾害链的定义与描述

5.2.1　自然灾害链的定义与特征

随着自然灾害链系统逐渐成为自然灾害研究的重点方向之一，不同的学者尝试对自然灾害链给出各种定义和恰当的表述[14]。1987 年，郭增建和秦保燕[15]首次提出灾害链的概念"灾害链就是一系列灾害相继发生的现象"及其分类，包括因果链、同源链、互斥链和偶排链四类，灾害链这一概念也是我国科学家群体的原始创新。随后，在联合国国际减灾十年计划期间，我国学者史培军[16]将灾害链定义为由某一种致灾因子或生态环境变化引发的一系列灾害现象，并将其划分为串发性灾害链与并发性灾害链两种[17]。文传甲[18]提出了"灾害链是一种灾害启动另一种灾害的现象"，黄崇福[19]提出"一种灾害在不同条件下可能诱发不同灾害链的现象称为多态灾害链"，并给出了多态灾害链的形式化描述。

但总的来说，自然灾害链可以依靠自然灾害的特征进行定义，即重大自然灾害一经发生，极易借助自然生态系统或城市生命线系统之间相互依存、相互制约的关系，产生连锁效应，由一种灾害引发出一系列灾害，从一个地域空间扩散到另一个更广阔的地域空间，这种呈链式有序结构的大灾传承效应就是自然灾害链[20]。

我国自然灾害种类多、发生频率高、分布地域广，是世界上自然灾害严重的国家之一[20]，灾害链的研究往往针对自然灾害展开，因此灾害链也可称为自然灾害链，自然灾害之间的链式结构与依赖关系是本章内容的核心。我国常见的自然灾害可以分为七类：气象灾害、洪涝灾害、海洋灾害、地震灾害、地质灾害、农业生物灾害、森林灾害，由其衍生出的主要灾害链则包括地震灾害链、台风灾害链、滑坡灾害链、干旱灾害链等，图 5.1 以干旱灾害链为例呈现了灾害链的示意，随着自然灾害的链式传播，灾情不断累积，后果不断加重。

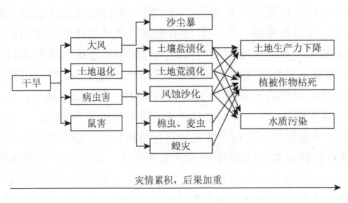

图 5.1　干旱灾害链示意图[21]

自然灾害链的特征可以总结如下[22-24]。

1. 诱生性/关联性

自然灾害灾变能量通常较大，往往会引起一系列次生和衍生灾害，而它们之间又表现出因果关系，如一种或多种灾害事件的发生是由另一种灾害事件的发生所诱发的，而新的灾害事件又会成为下一种灾害事件发生的原因。没有灾害作为其诱因的灾害为原生灾害，由其他灾害诱发的灾害则是次生灾害。

这种关联关系既可能是单向的，也可能是双向的，单向关系如地震灾害可能导致传染病蔓延，引起民众恐慌，进而引发社会安全事件，但反之，社会安全事件不能引发地震灾害；而暴雨可能引发洪水，洪水又可能通过水循环系统引发暴雨，洪水和暴雨之间就存在双向关联关系。

2. 系统性

由于其关联性特征，自然灾害链通过各个灾害事件与环境以及灾害事件节点间的相互联系和作用组成一个整体，可以称为自然灾害链式系统，而其中的单个灾害链节点、影响灾害事件发生的客观环境和要素都可以视为其不同层次和规模的子系统。

3. 时序性

自然灾害链的诱生作用使灾害发生有一定的先后顺序，即原生灾害在前，次生灾害在后，但有些灾害事件的发生可能在几年、几十年甚至几百年后诱生另一种灾害事件。这种诱生作用的时间尺度过长，可以视为单灾种，对其进行分别评估，因此自然灾害链关注的时间尺度相对来说较短。

4. 层次性

灾害链中原生和次生灾害在链条逻辑中往往存在明显的层次性，如台风灾害链中台风引起暴雨，暴雨引起洪水和泥石流，进而阻断交通，那么台风就位于灾害链中的顶层，暴雨等位于中层，交通中断位于底层。

5. 突发性与渐发性

不同的自然灾害链可能拥有不同的时间特征，泥石流灾害链、滑坡坍塌灾害链等可以在很短的时间内释放出很强的破坏力和爆发性，而干旱灾害链、土地沙漠化等则是渐次积累，在很长的时间内逐渐造成难以在短时间内恢复的破坏，甚至可能造成不可逆转的危机。

6. 复杂性

自然灾害链的复杂性主要表现为发生自然灾害的原因多种多样，虽然起主导作用的是自然因素，但也不能忽视人为因素对其成因的影响；自然灾害造成的冲击结果不是简单的累加关系，灾害的影响呈现出既有一灾一因，灾灾相连，又有一灾多因，一因多灾；既有灾因的互融共生、增大冲击力量，造成比原生灾害更严重的破坏和损失，又有可能灾因互斥相排、消减灾害强度等，如《震源物理》中提到的大雨截震现象，在主震之后余震期间，如果遇到大雨，可能就会消解余震，这可能是由于雨水渗入地下，缓解了主震造成的地下破裂等原因。

为了更好地认识和应对复杂的自然灾害链，研究其风险管理的理论与方法是重中之重，本章重点关注自然灾害链风险管理具体流程与方法的相关内容。

5.2.2　自然灾害链风险的数学描述

风险是对灾害发生概率与其造成后果的综合考量[25, 26]。因此，可以从两个维度度量自然灾害链的风险：一是特定自然灾害链发生的可能性，其中包括灾害链中各个灾害事件节点发生的可能性以及整个灾害链出现的可能性；二是特定自然灾害链给人类社会可能带来的危害、影响。从这两个维度出发，可以建立一个基于场景描述灾害链风险的模型，见表 5.1。表中的第 i 行表示描述灾害链风险的三元组，即 $< s_i, p_i, c_i >$；s_i 表示某一个灾害链场景；p_i 表示该场景发生的概率；c_i 表示该场景可能造成的后果、影响。

$$p_i = f\left(p_0, {}_m^k p_i\right) \tag{5.1}$$

$$c_i = f(c_{i0}, c_{i1}, c_{i2}, \cdots, c_{iM}) \tag{5.2}$$

式中，p_0 为原生灾害发生的概率；${}_m^k p_i$ 为第 i 个灾害链场景中第 k 个灾害事件触发第 m 个灾害事件发生的概率；c_{iM} 为第 i 个灾害链场景中第 M 个灾害事件造成的后果。

表 5.1　灾害链风险描述

灾害链场景	发生的概率	灾害链后果
s_1	p_1	c_1
s_2	p_2	c_2
⋮	⋮	⋮
s_N	p_N	c_N

若表 5.1 中包含了所有可能出现的灾害链场景，则灾害链风险 R 可以表示为

$$R = f(R_1, R_2, \cdots, R_N) \tag{5.3}$$

式中，$R_i = g(s_i, p_i, c_i)$ 为第 i 个灾害链场景的风险。

假设在表 5.1 中，灾害链场景按照危害程度逐渐增加进行排列，则灾害链后果满足如下关系：

$$c_1 \leqslant c_2 \leqslant c_3 \leqslant \cdots \leqslant c_N \tag{5.4}$$

可进一步得到灾害链场景累积概率关系，见表 5.2。

表 5.2　灾害链场景累积概率关系

灾害链场景	发生的概率	灾害链后果	累积概率
s_1	p_1	c_1	$P_1 = P_2 + p_1$
s_2	p_2	c_2	$P_2 = P_3 + p_2$
$\vdots$	$\vdots$	$\vdots$	$\cdots$
s_i	p_i	c_i	$P_i = P_{i+1} + p_i$
$\vdots$	$\vdots$	$\vdots$	$\cdots$
s_{N-1}	p_{N-1}	c_{N-1}	$P_{N-1} = P_N + p_{N-1}$
s_N	p_N	c_N	$P_N = p_N$

根据上述阐释，灾害链风险具有如下性质。

（1）灾害链发生的概率与原生灾害的概率以及灾害链中每一个灾害事件节点被触发的概率有关。

（2）灾害链造成的后果与每个灾害事件节点造成的后果有关。

（3）通常来说，灾害链结构越复杂，灾害链发生的概率越低，造成的后果越严重。

（4）灾害链的风险是灾害链场景、灾害链发生概率以及灾害链造成的后果三个因素的函数。因此，结构复杂的灾害链场景风险不一定高，而结构相对简单的灾害链场景风险不一定低。

5.2.3　自然灾害链风险管理基本内容

自然灾害链风险管理可分为两个部分，即自然灾害链风险评估和自然灾害链风险应对。自然灾害链风险评估是对一定时期风险区内遭受不同类型灾害链的可能性及其可能造成的后果进行的识别、分析和量化的综合过程。风险应对则是在风险评估的基础上，优化组合各种风险控制技术，对灾害链风险实施有效的控制和妥善处理风险所致的损失后果，期望达到以最低的成本获得最大的安全保障的目标。

确定自然灾害链风险管理的基本原理和内容是进行自然灾害链风险管理的前提基础。黄崇福[27]从数学的角度提出自然灾害风险分析应该遵守随机不确定性原理、模糊不确定性原理、复杂性、反精确原理等数学原理，并从自然灾害系统本身所固有的复杂性和不确定性及最基本的元素着手分析，对其进行组合，进行不确定意义下的量化分析。本章以自然灾害链为研究对象，从自然灾害链风险管理的角度出发，将自然灾害链风险管理的基本内容确定为自然灾害链的风险识别、风险分析、风险评价和风险应对四个环节，形成自然灾害链风险管理的理论框架（图 5.2）。

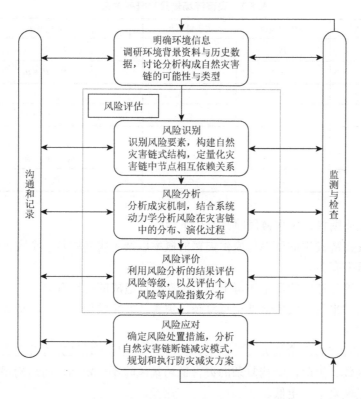

图 5.2　自然灾害链风险管理理论框架

1. 自然灾害链风险识别

自然灾害链风险识别是利用调查得到的有关资料对区域复杂环境背景中蕴含的自然灾害发生因素进行全面鉴别与分析，并在识别风险要素的基础上，分析灾害之间的相互依赖关系。风险识别是寻求环境中的危险信号和灾害事件间触发关系的过程，自然灾害链风险识别可分为两个层次。

1）灾害链关联关系的定性研究

这一层次的作用是确定区域内可能出现的各种灾害链场景，主要内容为识别

（列举）评估区内的所有灾害事件以及某一灾害事件的发生可能触发的次生灾害。可采取的主要方法包括：基于实证的方法、社会调查/访谈法、归纳推理技术等。基于实证的方法以历史案例资料等数据为基础[28-31]，分析历史上研究区域内发生某一自然灾害时所触发的次生、衍生灾害的情况；社会调查/访谈法是向自然灾害或灾害事件管理部门的业务人员或者相关领域的专家学者发放调查问卷或者进行面对面的交谈，让受访者依据自身的经验和知识背景给出区域内主要灾害事件发生时可能出现的次生、衍生灾害；归纳推理技术则包括危险与可操作性分析方法等。

2）灾害链关联关系的定量研究

这一层次的作用是确定灾害链中任意两个关联灾害间触发的定量关系，包括灾害间触发的概率描述、模糊性描述或者灰色描述，可采取的方法通常包括概率函数法、层次分析法、模糊综合评判法、灰色系统理论等。

2. 自然灾害链风险分析

自然灾害链风险分析是在风险识别确定的链式结构的基础上，从系统论的角度分析灾害链风险的总体情况、风险在灾害链各灾害节点的分布情况以及风险在链式结构中的成灾机制与动力学演化过程。灾害链风险分析的作用是通过系统的宏观分析对灾害链风险情况有一个总体的把握，并可以从理论上分析灾害链中的关键节点，为下一步对灾害链的风险进行定量评估奠定理论基础。从系统论的角度分析自然灾害链风险，需要了解以下几个方面的内容。

1）相关性分析

相关性是灾害链中灾害事件节点之间的依存关系。在自然灾害链风险分析中，这种相关性体现为灾害链中灾害之间、灾害与诱因之间的相互影响、相互妨碍和助长。通过分析这种相关性，可以从错综复杂的自然灾害及其影响中找出灾害风险的关系，从而全面分析灾害链的风险，建立科学的数学模型，对自然灾害链风险状况做出客观而正确的分析。可以说，相关性分析为风险管理者提供了逻辑上的归纳与演绎的分析方法，它从总体上对自然灾害链系统进行分析，使得对自然灾害链的风险有总体上的把握。

自然灾害链中灾害事件之间的关系错综复杂，可以借助赵恒峰等[32]提出的系统风险间的五大关系来认识它。

（1）独立关系：这种关系指一种风险诱因的开始时间、持续时间以及风险损失等特征不受其他风险诱因的影响；同时，它也不对其他风险诱因造成影响。这在现实的自然灾害中基本上不可能存在。

（2）依赖关系：这种关系是指灾害事件 B 的发生要依赖于诱因 A 的发生。若风险诱因 A 发生，则灾害事件 B 有可能发生；相反，若 A 不发生，则灾害 B 就一定不发生。例如，西部山区暴雨的发生可能引起泥石流，暴雨与泥石流之间的关系就是依赖关系。在现实中，依赖于某种灾害风险发生的数目可能会不止一个，例如，暴雨的发生可能会引起泥石流、洪涝的产生等。

（3）并联关系：这种状况是指多于一个的诱因 A_1，A_2，$\cdots$，A_n 同时影响一个或多个灾害 B_1，B_2，$\cdots$，B_n，在诱因事件 A_1，A_2，$\cdots$，A_n 中的一个或多个发生的情况下，灾害 B_1，B_2，$\cdots$，B_n 都可能会发生，则 A_1，A_2，$\cdots$，A_n 和 B_1，B_2，$\cdots$，B_n 之间的关系为并联关系。例如，暴雨、山体岩性松软、人为挖坡，三个现象中只要有一个或几个发生，则山体滑坡就可能出现。

（4）串联关系：这种状况是指一个以上诱因 A_1，A_2，$\cdots$，A_n 一起影响可能发生的次生灾害 B_1，B_2，$\cdots$，B_n 中的一个或几个，只有 A_1，A_2，$\cdots$，A_n 都发生的情况下，灾害事件 B_1，B_2，$\cdots$，B_n 才可能发生。此时 A_1，A_2，$\cdots$，A_n 和 B_1，B_2，$\cdots$，B_n 之间的关系是串联关系。

（5）混合关系：即上述（2）、（3）、（4）关系中的两种以上同时发生，这种关系在自然灾害的现实中比较普遍。其中，尤以依赖关系和并联关系的发生较为常见。

2）概率推断

自然灾害链中各灾害事件的发生具有随机性，但也有着特定的规律，而且各个灾害事件的发生概率要受其上下游事件的影响。根据灾害链中灾害节点间存在的相关性情况，概率确定方法可以采用如下几个原则[33, 34]。

（1）依赖关系，事件 B 的发生依赖于事件 A 的发生：

$$P(AB) = P(A)P(B \mid A) \tag{5.5}$$

（2）诱因事件 A_1 和 A_2 是互斥完备的：

$$P(B) = P(A_1)P(B \mid A_1) + P(A_2)P(B \mid A_2) \tag{5.6}$$

（3）诱因事件 A_1 和 A_2 是互斥完备的，其中某一事件的发生是事件 B 发生的必要条件：

$$P(A_1 \mid B) = \frac{P(A_1)P(B \mid A_1)}{P(A_1)P(B \mid A_1) + P(A_2)P(B \mid A_2)} \tag{5.7}$$

（4）如果诱因事件 A_1，A_2，$\cdots$，A_n 是互斥完备的，其中某个事件的发生是事件 B 发生的必要条件：

$$P(A_i \mid B) = \frac{P(A_i)P(B \mid A_i)}{P(A_1)P(B \mid A_1) + P(A_2)P(B \mid A_2) + \cdots + P(A_n)P(B \mid A_n)} \tag{5.8}$$

3）类似推断

类似推断的原理是已知两个先后发生事件间的相互联系规律，则可以利用先导事件的发展规律来评价后来事件的发展趋势。例如，如果一种灾害事件发生后经常出现另一种灾害事件，则可认为这两种灾害事件之间存在联系，就可以用前者的某方面发展规律来评估后者的发展趋势。

3. 自然灾害链风险评价

自然灾害的风险评价是在风险识别和风险分析的基础上，综合考虑尚未发生的自然灾害的发生概率、事故后果以及受灾程度等因素，得到风险的定量表达，判断系统风险大小，并以此为依据决定是否采取应对措施，是风险管理的核心环节[27]。

单一自然灾害的风险评价方法通常包括两类：一是利用历史统计数据进行概率分析，并基于风险评价模型计算风险指标；二是根据灾害发生机理与历史数据建立风险评价模型，并结合 GIS 等监测数据，通过演化动力学方法模拟自然灾害的情景发展演化[35]。

利用历史统计数据进行概率分析的方法常见于事故灾难的风险评价研究中[36]，在多米诺事故和 Natech 事故的研究中也有着广泛的应用，其通常统一采用个人风险和社会风险等指数来量化和衡量风险大小，然而自然灾害由于种类和致灾机制较复杂，鲜有研究直接利用这两种风险指数进行风险评价[37]，对于不同的自然灾害类型通常有着不同的风险指标[37-39]，常见的指标类型包括致灾因子危险性（如洪水的淹没水深和淹没面积、震灾的峰值加速度等）、孕灾环境脆弱性（高程、坡度、土壤水文条件等）、承灾载体暴露性（可能受到灾害威胁的人类社会经济与自然环境系统的综合考量，如人口密度、农田密度以及各类灾害的相关产业情况）、防灾减灾能力等，现有研究仍然难以建立一个统一的自然灾害定量风险评价指标体系与框架。此外，不同于事故灾难通常由意外和故障引发，自然灾害往往有着在一定时间内逐步演变的特点，因而存在实现监测预警的可能。然而大部分自然灾害的预测预警仍处于科学探索阶段，短期预测的准确性相对较低[40]，因此现有自然灾害链的风险评价研究主要集中在根据其中自然灾害本身的特征，开展基于数理统计模型或数值模拟的灾害发展与演化上。

常见的方法包括可公度趋势判断方法[41]、不完备信息条件下的模糊风险评价法[42]、元胞自动机、层次分析法、数值模拟、随机森林等。

4. 自然灾害链风险应对

风险应对是通过选择和实施风险处置措施，减少自然灾害链危害的可能性。主要有两种手段：工程手段和非工程手段。工程手段是在灾害事件发生前通过各种工程措施，如筑堤、建坝等对灾害事件进行防御，增强承灾载体的抗灾能力，减少灾害事件发生造成的损失，将损失的严重后果降到最低程度；非工程手段是通过对人们进行风险教育、制定风险管理对策等手段来降低灾害链的风险，通常包括风险控制方法和风险决策方法。

风险控制方法主要从回避风险、预防风险、隔离风险以及转移风险四个角度给出应对自然灾害链的风险管理对策。风险决策方法通常包括：损失期望风险决策法、基于效用理论的风险决策法、贝叶斯风险决策法和马尔可夫风险动态决策法。

本节探讨了自然灾害链的科学定义并揭示其特征规律，给出了自然灾害链风险的数学描述；建立了自然灾害链风险管理的理论框架，提出将自然灾害链风险管理流程分为风险识别、风险分析、风险评价、风险应对四个主要环节，简述了每个环节的主要研究内容和研究方法，为后续的内容展开提供了理论基础。

5.3　自然灾害链风险识别方法研究

实现自然灾害链风险管理的前提是选定自然灾害链的结构，风险识别的作用就是通过定性或者定量的方法来确定可能出现的灾害链结构以及灾害链节点间触发的定量关系。风险识别是寻求环境中的危险信号和灾害事件间触发关系的过程，它需要经验的积累与科学方法的掌握以及案例搜集与资料分析的结合；只有这样，自然灾害链的风险识别才能取得良好的效果。

5.3.1　自然灾害链定性风险识别

自然灾害链中的灾害之间存在着相互关联的依赖关系，这种依赖关系对构建灾害链结构进而对灾害链进行风险评价与管理具有重大意义。所以，揭示灾害事件之间的依赖关系是对灾害链进行风险识别的重要内容。本节介绍两种灾害链的定性风险识别方法，即社会调查/访谈法和事件树法。

1. 社会调查/访谈法

社会调查/访谈法即向灾害管理部门的业务人员及所研究区域的当地居民发放调查问卷或者与之进行面对面的交谈，让受访者根据自身的工作和生活经验来给出区域内某一灾害事件发生可能触发的次生灾害列表。该方法的基本操作要求如下。

（1）确定所研究区域可能出现的所有自然灾害事件，并列出供选择的次生灾害列表。

（2）受访业务人员要具有中级以上职称，居民应该在当地居住 10 年以上。

（3）调查应以家庭为基本调查单位，每个调查点收回的有效调查问卷至少为发放问卷总量的 80%。

该方法的结果很大程度上依赖于受调查（访问）对象的经验，不过该方法简单易行，适用于灾情统计资料匮乏的地区[43]。

2. 事件树法

事件树法由美国贝尔电话实验室的科学家米伦斯于 1962 年首先提出，现已在很多领域得到广泛的应用[44]。这种分析方法采用因果关系的逆向推理，是一种由果及因的分析法。该方法从自然灾害事件的结果向原因做树状图分解，以树状图的形式表示区域内各自然灾害事件发生的先后顺序和空间扩散过程。它表达直观，逻辑性强，可以很好地将复杂的区域次生灾害事件发生过程简单化。该方法通常需要组织 10 名以上灾害管理领域的专业人士。其中，需包括 5 名以上当地灾害管理业务人员，并且其中 80%应具有高级职称。图 5.3 以滑坡为例说明了该方法的思路[45, 46]。

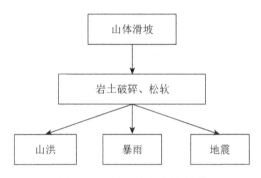

图 5.3　山体滑坡事件树法[47]

根据自然灾害链风险识别的定性方法，可以建立自然灾害链关联关系数据库（表 5.3）。数据库是形成灾害链场景的基础，通常包括初始自然灾害及其可能触发的所有一级次生灾害事件，组织模式采用社会调查/访谈法和事件树法建立原生灾害与一级次生灾害的知识联系。选定一个初始自然灾害，根据关联关系数据库检索与之相对应的所有一级次生灾害事件，再利用同样的方法分析一级次生灾害事件对应的次生灾害事件，即可构成在初始自然灾害触发下的灾害链。

表 5.3　自然灾害链关联关系数据库

原生灾害及编号		一级次生灾害事件及编号
11A 水旱 灾害	11A01 洪水	11D01 滑坡事件；11A03 溃坝；11A04 溃堤
	11A02 内涝	—
	11A03 溃坝	11A01 洪水
	11A04 溃堤	11A01 洪水
	11A05 旱灾事件	11G01 森林火灾事件；11G02 草原火灾事件
	11A06 冰凌事件	11A01 洪水；12F06 桥梁事故
	11A07 山洪灾害事件	11D01 滑坡事件；11D02 泥石流事件
	11A99 其他水旱灾害	—

续表

原生灾害及编号		一级次生灾害事件及编号
11B 气象 灾害	11B01 台风事件	11B05 暴雨事件；11B06 大风事件；11E02 风暴潮事件
	11B02 龙卷风事件	—
	11B03 沙尘暴事件	12G02 空气污染事件
	11B04 雪灾事件	—
	11B05 暴雨事件	11A01 洪水；11A02 内涝；11A03 溃坝；11A07 山洪灾害事件； 11D01 滑坡事件；11D02 泥石流事件；11D03 崩塌事件；11D04 地陷事件
	11B06 大风事件	—
	11B07 冰害事件	—
	11B08 雷击事件	11G 森林草原火灾
	11B99 其他气象灾害事件	—
11C 地震 灾害	11C01 城市地震	11A03 溃坝；11A04 溃堤；11D04 地陷事件；11D05 地裂事件
	11C02 乡村地震	11A03 溃坝；11A04 溃堤；11D01 滑坡事件；11D03 崩塌事件； 11D04 地陷事件；11D05 地裂事件
	11C03 无人区地震	11D06 火山喷发事件；11E01 海啸事件
	11C99 其他地震灾害	—
11D 地质 灾害	11D01 滑坡事件	11D02 泥石流事件
	11D02 泥石流事件	—
	11D03 崩塌事件	—
	11D04 地陷事件	—
	11D05 地裂事件	—
	11D06 火山喷发事件	11C 地震灾害；11D02 泥石流事件；11E01 海啸事件；12G02 空气污染事件
	11D99 其他地质灾害事件	—
11E 海洋 灾害 事件	11E01 海啸事件	11A01 洪水；11E04 巨浪事件；12C02 水上交通事故
	11E02 风暴潮事件	11A01 洪水；11A04 溃堤
	11E03 海冰事件	12C02 水上交通事故；12D 渔业船舶事故
	11E04 巨浪事件	11A01 洪水；11A04 溃堤
	11E05 赤潮事件	12G01 水域污染事件
	11E99 其他海洋灾害事件	—
11F 生物 灾害 事件	11F01 农业生物灾害事件	—
	11F02 林业生物灾害事件	—
	11F03 畜牧业生物灾害事件	—
	11F99 其他生物灾害 （包括外来物种入侵等）	—
11G 森林 草原 火灾	11G01 森林火灾事件	—
	11G02 草原火灾事件	—
	11G99 其他森林草原火灾事件	—

5.3.2　自然灾害链风险识别的定量化方法研究与应用

　　自然灾害链中各灾害事件之间的转化存在一定的媒介，如物理、化学、生物和信息因素。这些因素的相互作用构成了灾害事件之间触发的模型。对于灾害链中定量的物理过程，可以选用相应的物理模型和经验的概率公式[36]来确定次生、衍生灾害事件发生的概率。如果灾害事件之间缺乏定量的物理模型，则可采用分层分类的方法选取影响因素进行综合评价，并确定灾害链之间的触发条件。本节将介绍基于层次分析的模糊综合评判法与灾害链触发条件的模糊突变定量分析法这两种理论和方法及其在自然灾害链灾害事件节点间触发关系确定中的应用。

　　1. 基于层次分析的模糊综合评判法

　　1）理论背景

　　层次分析法是美国运筹学家萨蒂在 20 世纪 70 年代初提出的一种指标体系数学方法，其将复杂问题中的各种因素划分为包括方案层、多个准则层和目标层形式的有序层次，结合对客观现实的判断（利用专家打分法等）量化每一层次指标的相对重要性以及指标值，并通过排序等方法分析结果和解决问题[48]。

　　模糊综合评判（fuzzy comprehensive evaluation，FCE）法是一种可以同时对多个风险因素进行综合评判的评价方法，其将模糊数学的理论引入风险评估过程，定量化人的主观评价，并通过分别求解每个风险因素对应的单因素评判结果，利用特定综合运算方法即可得到对整体的评价结果[49]。这两种方法都在风险评估领域得到了广泛的应用。

　　诱发次生灾害发生的因素往往非常多且复杂，为了快速定量地评判次生灾害发生的风险，通常需要建立一套指标体系，每个指标从不同侧面刻画次生灾害发生的危险程度。对不同的次生灾害，评估指标间有不同的相对重要性（即相对权重），用权重系数来表示，每个指标对应一个权重系数，反映出该指标对次生灾害发生的影响程度，再通过一定的数学方法将各个指标的评估值合成一个整体的评估值，即可得到整体的风险因素识别结果。在整个风险评价过程中，权重系数确定得是否合理，直接关系到评价结果的可信程度，单独应用层次分析法会导致权重系数选择的主观性较强，因此我们引入模糊综合评判法，对呈现模糊性的资料做出更为客观、合理的量化评价，准确地分析灾害链中次生灾害触发的定量关系。

2）模型构建

模型构建的基本步骤如下。

（1）确定刻画次生灾害触发条件的评判集。一般选为四级，为极有可能发生、较大可能发生、可能发生和较小可能发生。

（2）确定触发次生灾害发生的影响因素集合。将影响因素集合按照某种属性分成几类，先对每一类进行综合评判，然后再对各类评判结果进行类之间的高层次综合评判。对评判因素集合 T，按某个属性 c 将其划分成 m 个子集，使它们满足：

$$\begin{cases} \sum_{i=1}^{m} T_i = T \\ T_i \bigcap T_j = \varnothing, \quad i \neq j \end{cases} \tag{5.9}$$

这样，就得到了第二级评判因素集合：

$$T \mid c = \{T_1, T_2, \cdots, T_m\} \tag{5.10}$$

如果第二级评判因素仍然存在不同的层次，就按照上面的方法继续划分：

$$T_i \mid c_1 = \{T_{i1}, T_{i2}, \cdots, T_{im}\} \tag{5.11}$$

（3）确定影响因素指标值。影响因素指标值的确定采用两种方式：对于容易量化的影响因素指标值，通过数理统计、数值计算等方法直接给出量化值；对于不容易量化的影响因素指标值，通过模糊语言、专家打分等方法来确定。

（4）指标值模糊化处理。确定所有影响因素的指标值以后，按照多层次模糊综合评判法计算低层级影响因素集的每个因素，从而获得高一层级中因素的指标值，并给出隶属度函数。建立一个从低层级影响因素集合 U 到 $\wp(V)$ 的模糊映射[50, 51]：

$$\gamma : U \to \wp(V) \quad u_i \mapsto \gamma(u_i) = \frac{r_{i1}}{v_1} + \frac{r_{i2}}{v_2} + \cdots + \frac{r_{im}}{v_m}$$

$$0 \leqslant r_{ij} \leqslant 1, 0 \leqslant i \leqslant n, 0 \leqslant j \leqslant m \tag{5.12}$$

由 γ 可以诱导出模糊关系，得到模糊矩阵：

$$R = \begin{bmatrix} r_{11} & r_{12} & \cdots & r_{1m} \\ r_{21} & r_{22} & \cdots & r_{2m} \\ \vdots & \vdots & & \vdots \\ r_{n1} & r_{12} & \cdots & r_{nm} \end{bmatrix} \tag{5.13}$$

式中，r_{ij} 的值通过模糊数学中的隶属度函数方法确定。将次生灾害被触发的可能性分为四级，记为触发风险（极有可能发生、较大可能发生、可能发生、较小可能发生），相应隶属度函数 μ_R、μ_O、μ_Y、μ_B 具有如下形式：

$$r_{ij} = \mu_X(u_i) = \begin{cases} 0, & u < a \\ \dfrac{u_i - a}{b - a}, & a \leqslant u < b \\ \dfrac{c - u_i}{c - b}, & b \leqslant u < c \\ 1, & c \leqslant u \end{cases} \tag{5.14}$$

式中，i 为每一层次影响因素的个数；$j = 1,2,3,4$；$X = R,O,Y,B$；a、b、c 为各个影响因素的临界值，u 为集合 U 中的元素。

（5）确定影响因素权重子集。为了衡量下层各指标对上层指标的相对重要性，需要确定各评价指标的权重系数。同一层级的 n 个影响元素构成一个两两比较判断矩阵 A[52]：

$$A = (a_{ij})_{n \times n} \tag{5.15}$$

式中，a_{ij} 为元素 u_i 和 u_j 相对于某个准则的重要性的比例标度（标度含义见表 5.4）。每一层级元素的权重值可以转换为求解判断矩阵 A 的特征根问题：

$$Aw = \lambda_{\max} w \tag{5.16}$$

式中，$\lambda_{\max}$ 为 A 的模最大特征根；w 为相应的特征根。所得的 w 经归一化后就可作为权向量。为了进行一致性和随机性检验，一致性指标 CI 为

$$\text{CI} = \frac{\lambda_{\max}}{m - 1} \tag{5.17}$$

式中，m 为判断矩阵的阶数。令 RI 为平均一致性指标，计算随机一致性比率 CR 为

$$\text{CR} = \frac{\text{CI}}{\text{RI}} \tag{5.18}$$

表 5.4　标度的含义[52]

标度	含义
1	两个因素相比，具有相同的重要性
3	两个因素相比，前者比后者稍重要
5	两个因素相比，前者比后者明显重要
7	两个因素相比，前者比后者强烈重要
9	两个因素相比，前者比后者极端重要
2，4，6，8	上述相邻判断的中间值
倒数	若因素 i 与因素 j 的重要性之比为 a_{ij}，那么因素 j 与因素 i 重要性之比为 $a_{ji} = 1/a_{ij}$

当 CR $<$ 0.1 时，认为判断矩阵具有令人满意的一致性，说明权重分配是合理的；否则，就需要调整判断矩阵，直到取得令人满意的一致性为止。

（6）模糊综合评判。次生灾害被触发的定量关系确定的最后一步是进行模糊综合评判。由上面获得的矩阵 R 诱导一个模糊变换[53]：

$$\widetilde{T}_R: \ F(U) \rightarrow F(V), \quad W \mapsto \widetilde{T}_R(W) \overset{\triangle}{=} W \circ R \tag{5.19}$$

式中，$\widetilde{T}_R$ 为定义在映射 $F(U)$ 到 $F(V)$ 之间的模糊变换；W 为权重因子；R 为模糊评判矩阵；。为模糊关系的合成算子（可根据不同的需要采用不同的算法，如矩阵乘法等）。该模型输出一个触发次生灾害发生的综合决策 $B = W \circ R$，即

$$(b_R, b_O, b_Y, b_B) = (w_1, w_2, \cdots, w_m) \circ \begin{bmatrix} r_{11} & r_{12} & \cdots & r_{1m} \\ r_{21} & r_{22} & \cdots & r_{2m} \\ \vdots & \vdots & & \vdots \\ r_{n1} & r_{n2} & \cdots & r_{nm} \end{bmatrix} \tag{5.20}$$

2. 灾害链触发条件的模糊突变定量分析法

1）理论背景

突变论（catastrophe theory）是 20 世纪 70 年代发展起来的一门新的数学学科，被人们归为新三论（耗散结构论、突变论、协同学）之一[54]。量变到质变是自然界和社会经济领域中无所不在的一种现象。突变论就是描述一系列连续性的量变如何演变成跳跃式质变的数学理论。在自然灾害链中，次生灾害在上游事件以及外界环境共同作用下触发也是从量变到质变的过程。

突变论的证明涉及的数学基础虽然较深（如拓扑学、奇点理论等），但其应用模型较简单。因此，突变论出现以后，其应用范围几乎已涉及自然科学与社会科学的所有领域。一般所讲的突变论，实际上是指初等突变理论。

2）灾害链中灾害事件被触发的突变分析

突变论运用于灾害链触发条件定量分析的主要方法就是在突变流形的基础上对所研究的被触发灾害事件的稳定性进行描述。对于尖点突变，在系统稳定性分析中，流形的常见形式为

$$p(t - t_0)^3 + q(u - u_0) + (v - v_0) = 0 \tag{5.21}$$

式中，t 为系统稳定态值；u、v 为系统稳定态控制量；p、q 均为系数；t_0、u_0、v_0 为系统固有特征量。

流形在 u, O, v 平面上的投影为

$$a(u - u_0)^3 + b(v - v_0)^2 = 0 \tag{5.22}$$

式中，a、b 均为常数，系统稳定态值 t 受控制变量约束，随控制变量变化而变化[55, 56]。

流形的上叶表示可能出现的次生灾害处于较稳定状态，被触发的可能性较低；

下叶表示次生灾害的稳定性较差，已经被触发；中叶为不可达区域。若系统运行不经过分叉集，则上游事件输出因素和环境因素的不断恶化不能触发次生灾害；若系统控制因素的变化越过分叉集，次生灾害将被触发。控制因素 u、v 的值越大，次生灾害稳定程度越大，在突变流形上表现为稳定性的变化量 Δt 变大。

　　基于突变流形的自然灾害链触发条件分析如下：灾害链中次生灾害的发生来源于灾害链的内部因素和外部因素，即上游事件的输出因素以及外部环境的影响因素。上游事件的输出因素包括上游事件的致灾因子、上游事件对周围环境的影响等因素；外部环境的影响因素包括天气、人口、经济等。若将上游事件的输出因素 u 和外部环境的影响因素 v 作为两个控制参数，把次生灾害是否被触发的稳定性 x 作为状态参数，则利用突变论可以建立自然灾害链触发条件的尖点突变模型。图 5.4 为次生灾害被触发危险性的突变流形与分叉集，曲面的上叶表示次生灾害稳定不会被触发，下叶表示次生灾害受内外因素的影响被触发。系统从上叶到下叶或从下叶到上叶的突变表示次生灾害被触发。

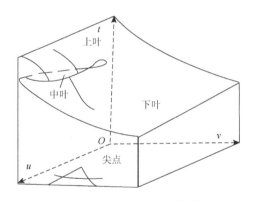

图 5.4　尖点突变的流形[54, 57]

　　在流形分析的基础上，被触发的次生灾害的突发性可以得到一个比较合理的解释。当上游事件的输出因素 u 和外部环境的影响因素 v 同时恶化时，可能发生的次生灾害的状态将会急剧恶化，如果图 5.5 所示的曲线端点 a、b、c、d，b 到 c 是次生灾害状态的突跳，变化值为 $\Delta x = x(u_b, v_b) - x(u_c, v_c)$，在 b 到 c 时，次生灾害被触发。进一步分析可知，当 u、v 的恶化程度不一样时，x 产生的突跳程度也不一样。图 5.5 中，b_1 到 c_1 的突跳变化值为 $\Delta x_1 = x(u_{b1}, v_{b1}) - x(u_{c1}, v_{c1})$，$b_2$ 到 c_2 的突跳变化值为 $\Delta x_2 = x(u_{b2}, v_{b2}) - x(u_{c2}, v_{c2})$，显然 $\Delta x_1 < \Delta x_2$，即后者被触发的可能性大于前者，次生灾害更容易发生。在分叉集上体现为两条跨越分叉集程度不一样的曲线。当突变流形的曲线由上叶向下叶发展时，如果不经过折叠线，尽管次生灾害被触发的可能性增大，但仍然不会发生，如图 5.5 中的曲线 $a_3 d_3$。

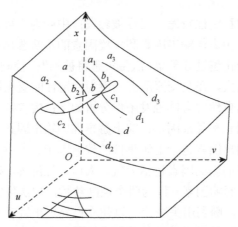

图 5.5　　次生灾害被触发的突变模型[54, 57]

3）模糊突变分析的方法与步骤

基于突变分析的自然灾害链触发条件模糊定量分析就是利用初始模糊隶属度函数和突变级数，将突变分析和模糊分析结合起来，对灾害链中次生灾害的触发条件进行定量的综合评价。通过系统地建立评价指标，根据归一公式进行量化递归运算，最终得到次生灾害触发总突变隶属度函数值，即触发可能性。归一化公式是利用突变论进行综合分析评价的基本运算公式，它将系统内部各控制变量不同的质态归一化为可比较的同一质态，从而对系统进行量化递归运算，求出表征系统状态特征的系统总突变隶属度函数值，作为综合评价的依据。

最常见的突变系统模型类型有三种[58]。

尖点突变系统模型：

$$f(x) = x^4 + ax^2 + bx$$

燕尾突变系统模型：

$$f(x) = \frac{1}{5}x^5 + \frac{1}{3}ax^3 + \frac{1}{2}bx^2 + cx$$

蝴蝶突变系统模型：

$$f(x) = \frac{1}{6}x^6 + \frac{1}{4}ax^4 + \frac{1}{3}bx^3 + \frac{1}{2}cx^2 + dx$$

式中，$f(x)$ 表示一个系统的一个状态变量 x 的势函数；状态变量 x 的系数 a、b、c、d 表示该状态变量的控制变量。三种系统的示意图如图 5.6 所示。

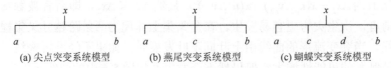

(a) 尖点突变系统模型　　　　(b) 燕尾突变系统模型　　　　(c) 蝴蝶突变系统模型

图 5.6　常用突变系统模型的示意图[58]

　　若一个诱导因素可以分解为两个指标，则该系统可视为尖点突变系统；若一个诱导因素可分解为三个指标，则该系统可视为燕尾突变系统；若一个诱导因素可分解为四个指标，则该系统可视为蝴蝶突变系统。灾害链触发条件模糊突变定量分析步骤如下。

　　（1）按照客观情况，将次生灾害触发因素分解成若干指标组成多层系统。

　　（2）对各指标进行原始数据规格化，即转化为[0,1]的无量纲数值，得到初始的模糊隶属度函数值，并用归一公式进行量化递归运算。设突变系统的势函数为 $f(x)$，根据突变论，它的所有临界点集合成平衡曲面，其方程通过对 $f(x)$ 求一阶导数得到，即 $f'(x) = 0$。它的奇点集通过对 $f(x)$ 求二阶导数得到，即 $f''(x) = 0$。由 $f'(x) = 0$ 和 $f''(x) = 0$ 消去 x，则得到了突变系统的分歧点集方程，分歧点集方程表明诸控制变量满足方程时，系统就会发生突变。通过分解形式的分歧点集方程导出归一公式。三个模型系统的归一化公式表示如下[59]，式中 a、b、c、d 表示状态变量的控制变量：

$$\begin{cases} x_a = \sqrt{a} \\ x_b = \sqrt[3]{b} \end{cases}, \quad \begin{cases} x_a = \sqrt{a} \\ x_b = \sqrt[3]{b} \\ x_c = \sqrt[4]{c} \end{cases}, \quad \begin{cases} x_a = \sqrt{a} \\ x_b = \sqrt[3]{b} \\ x_c = \sqrt[4]{c} \\ x_d = \sqrt[5]{d} \end{cases} \qquad （5.23）$$

　　（3）根据"互补"与"非互补"原则，求取总突变隶属度函数值，即次生灾害触发可能性。"互补"原则是指系统诸控制变量间存在明显的关联作用时，应取控制变量中的突变级数值的均值作为次生灾害触发可能性总突变隶属度函数值。相反，则取控制变量相应的突变级数值中的最小值作为次生灾害触发可能性总突变隶属度函数值，即"非互补"原则。数学描述为：根据多目标模糊决策理论，对同一方案，在多目标情况下，如设 $A_1, A_2, \cdots, A_m$ 为模糊目标，理想的策略为 $C = A_1 \bigcap A_2 \bigcap \cdots \bigcap A_m$，其隶属度函数为

$$\mu_C(x) = \mu_{A_1}(x) \bigcap \mu_{A_2}(x) \bigcap \cdots \bigcap \mu_{A_m}(x) \qquad （5.24）$$

式中，$\mu_{A_i}(x)$ 为 A_i 的隶属度函数；$\mu_C(x)$ 定义为此方案的隶属度函数[59]。

　　（4）获得分析结果：计算的结果在 0～1 范围内变化，越接近 1 表示次生灾害被触发的可能性越大，反之则越小。

　　4）方法应用——触发条件因素度量实例

　　我国西南地区由于特殊的地理位置及气候条件等环境因素，发生过大量地质灾害，其中滑坡灾害最为显著。滑坡工程实践表明，致使滑坡形成的因素是复杂的，肖盛燮[60]根据西南地区滑坡形成条件的综合分析，选取了 7 类滑坡灾害影响因素，包括：①前期降雨历时；②10min 降雨强度；③地震基本烈度；④地形平

均坡度；⑤滑面平均倾角；⑥前缘开挖；⑦后缘加载。一般而言，在其他条件相同的情况下，滑坡区地形越陡、滑面越陡，滑坡稳定性越差；前期降雨历时越长、单位时间雨强越大，对滑坡稳定性的影响越大；前缘开挖和后缘加载越厉害，地震烈度越高，对滑坡稳定性越不利。

本节以汶川地震为例开展方法应用，其波及范围广，危害巨大，均为历史罕见。地震主灾区位于四川西部山区，山高谷深，地质构造复杂，断裂发育，属于滑坡和泥石流等山地灾害多发区。地震不仅直接引发了大量的崩塌、滑坡、碎屑流等次生灾害，还进一步引发了堰塞湖和泥石流等链式灾害。本节选取地震区域为研究对象，采用模糊突变定量分析法研究在地震诱发的暴雨等恶劣天气条件的触发下，地震灾区发生滑坡事件的可能性。

这里将上述影响滑坡发生的 7 类因素分为两类，一类是上游事件触发因素，包括地震基本烈度、前期降雨历时和 10min 降雨强度；一类是环境影响因素，包括地形平均坡度、滑面平均倾角、前缘开挖和后缘加载。根据上述分析，构造滑坡事件被触发可能性的评价体系，见图 5.7。

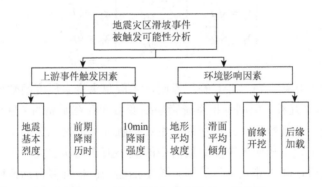

图 5.7　滑坡事件被触发可能性评价体系

将滑坡事件被触发的可能性分为极有可能发生、较大可能发生、可能发生以及较小可能发生四个等级。根据对地震灾区地震、暴雨情况以及其他环境因素的调查分析，由专家对该指标体系的各底层指标进行评分，得到其初始模糊隶属度函数值，该值的取值范围为[0,1]，越大越危险。然后，按照模糊突变定量分析的方法，计算滑坡事件被触发的可能性，分析其变化规律，对地震灾区滑坡事件被触发的可能性进行分析评判。取发生可能性评价结果 0.7 以下为较小可能发生；0.7＜发生可能性评价值≤0.8，为可能发生；0.8＜发生可能性评价值≤0.9，为较大可能发生；0.9＜发生可能性评价值≤1.0，为极有可能发生。计算结果见表 5.5，可见在地震、暴雨的影响下，地震灾区发生滑坡事件的可能性极大。

表 5.5 滑坡事件被触发可能性的计算结果

指标	上游事件触发因素			环境影响因素			
	地震基本烈度	前期降雨历时	10min 降雨强度	地形平均坡度	滑面平均倾角	前缘开挖	后缘加载
指标代号	A_1	A_2	A_3	B_1	B_2	B_3	B_4
专家评分	0.8	0.7	0.74	0.7	0.5	0.43	0.23
突变级数	Xa_1	Xa_2	Xa_3	Xb_1	Xb_2	Xb_3	Xb_4
突变级数值	0.928	0.888	0.905	0.915	0.841	0.810	0.693
滑坡事件被触发可能性总突变隶属度函数值	0.928						

本节提出了自然灾害链风险识别的定性和定量方法。定性方法采用社会调查/访谈法和事件树法辨识评估区内所有灾害以及某一灾害的发生可能触发的次生灾害，并建立灾害事件关联关系数据库，为确定可能出现的灾害链场景提供了科学依据。定量方法探究灾害链中各灾害事件间物理、化学、信息等因素的相互作用构成的灾害间触发条件，介绍了基于层次分析的模糊综合评判法、灾害链触发条件的模糊突变定量分析法和基于破坏概率的触发条件定量化方法的原理和应用。

5.4 自然灾害链风险分析建模

自然灾害链中灾害事件之间相互依赖、相互影响的关系可以用灾害链网络来描述，在灾害链网络中事件表示"节点"，灾害事件间的依赖关系构成"边"。本节将从系统论的角度构建数学模型，进而从理论上对自然灾害链网络进行风险分析。

自然灾害链风险分析的理论研究主要包括研究灾害链在确定的原生灾害的影响下，风险在灾害链节点间的分布情况以及灾害链总体风险情况，以及风险在相互依赖的灾害链节点间的传播和增生的动力学演化过程。本节基于以上两点研究目标分别建立了自然灾害链静态风险分析模型、动态风险分析模型。

5.4.1 自然灾害链风险分析建模中的基本概念与数学基础

自然灾害链是一个由灾害事件构成的相互影响的网络结构，在这个网络结构中，灾害事件构成网络的节点，灾害事件间的相互联系构成网络的边。结合实例分析，可以将灾害链的节点分为三类：灾害事件、承灾载体和应急管理；灾害链网络中灾害事件间相互依赖的关系通过物质、能量和信息等因素的传递而实现，称为灾害要素。结合范维澄等[61]建立的公共安全三角形（图5.8），本节将从灾害事件、承灾载体、应急管理三个维度出发探讨自然灾害链中的风险分析。

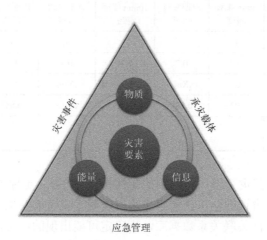

图 5.8　自然灾害链中"节点"和"边"的逻辑关系

灾害事件指可能对人、物或社会系统带来灾害性破坏的事件，在自然灾害链中，是指以自然因素为主，围绕自然因素发生的各类灾害。在自然灾害链的发生及其演化中，表现为灾害事件的灾害性作用，具有类型、强度和时空特性三方面属性。例如，地震灾害的作用表现为巨大的能量作用；洪水、滑坡、泥石流等灾害的作用表现为物质和能量的双重作用等。这类灾害事件节点是造成灾害链影响后果的"源"，其造成的影响和后果不是通过自身来体现的，而是通过其他载体来体现的。

承灾载体是灾害事件的作用对象，一般包括人、物、系统（人与物及其功能共同组成的社会经济运行系统）三方面。承灾载体是人类社会与自然环境和谐发展的功能载体，是灾害事件应急的保护对象。承灾载体在灾害事件作用下的破坏表现为本体破坏和功能破坏两种形式。灾害要素与承灾载体的联系，既包括灾害事件的作用对象是承灾载体，也包括承灾载体蕴含着次生灾害的致灾因子。承灾载体的破坏有可能导致其所蕴含的灾害要素被激活或意外释放，从而导致次生、衍生灾害，形成灾害链。例如，地震可能导致人员伤亡、溃堤溃坝、滑坡、泥石流、地震火灾等，并有可能导致生态系统遭到破坏。这里的承灾载体就是人、物形式的建筑设施与生命线系统，以及人和物及其功能共同组成的人类社会和自然环境大系统。地震会造成本体破坏，使这些承灾载体所具有的功能也被破坏，自然灾害链造成的后果往往是通过这类节点的破坏来体现的。

应急管理指为了预防或减轻灾害事件及其后果而采取的各种人为干预手段。

应急管理可以针对灾害事件，减少灾害事件的发生或降低灾害事件作用的时空强度；也可以针对承灾载体，增强承灾载体的抗御能力。这类节点的特点是本身不构成影响，但是该类节点的存在会减弱灾害链发生所造成的后果。

灾害要素是可能导致灾害事件发生的因素。灾害要素本质上是客观存在的，这些灾害要素超过临界量或遇到一定的触发条件就可能导致灾害事件，在未超过临界量或未被触发前并不造成破坏作用。灾害要素构成了灾害链中的"边"，自然灾害链中灾害事件、承灾载体和应急管理这三类节点通过灾害要素发生联系，而构成灾害链网络。

风险是可能性和后果共同作用的结果，在灾害链中，作为"主动事件"的灾害事件发生的概率体现了可能性，而承灾载体和应急管理所承担的灾害事件造成的影响体现了灾害链的后果。

本章采用 Haimes 和 Jiang[62]提出的"不可操作性"的概念来刻画灾害链的后果。不可操作性定义为承灾载体在行使其想要的自然功能或者设计的功能时所表现出来的功能丧失。它是对结果的一个测度，表示为承灾载体丧失功能的一个程度（百分比）。本章用灾害链中承灾载体不可操作性的百分比作为一个单一的度量标准，并结合灾害事件发生的概率，从系统的角度来反映灾害链的复杂性以及灾害链的风险。不可操作性是一个连续变量，数值为0～1，数值为0表示承灾载体完全没有被破坏，可以正常行使功能；数值为1表示承灾载体完全被破坏，不能继续行使任何功能；数值为0～1的某值时，表示承灾载体被部分破坏，可以行使部分功能[63]。

考虑一个灾害链系统，承灾载体的节点数为 n，其相应的节点为 $S_1, S_2, \cdots, S_n$。下面给出不可操作性向量和灾害链系统风险的定义。

定义 5.1　一个灾害链系统的不可操作性向量 $x = (x_1, x_2, \cdots, x_n)$ 是一个 n 维向量，它的第 i 个分量表示其中第 i 个承灾载体节点 S_i（$i = 1, 2, \cdots, n$）的不可操作性。从数学上来讲，不可操作性向量中的每一个分量都是0～1的实数。

定义 5.2　一个灾害链系统的风险向量 $R = (R_1, R_2, \cdots, R_n)$ 是一个 n 维向量，它的第 i 个分量 $R_i = P_i \cdot x_i$ 表示其中第 i 个承灾载体节点 S_i（$i = 1, 2, \cdots, n$）的风险，其中 P_i 表示在其他节点（包括灾害事件节点、承灾载体节点、应急管理节点）的共同作用下，S_i 的不可操作性为 x_i 发生的概率。

5.4.2　自然灾害链静态风险分析模型

1. 模型构建

灾害链是在某一初始灾害事件的触发下发生的，初始灾害事件按照某一概率发生。将灾害链中所有事件节点编号为 $i = 1, 2, \cdots, m, m+1, m+2, \cdots, n$，其中编号为

$i=1,2,\cdots,m$ 的节点表示灾害事件，编号为 $i=m+1,m+2,\cdots,n$ 的节点表示承灾载体。用 a_{ij} 表示任何节点 i 的发生触发 j 发生的概率，当有箭头从 i 指向 j 时，$a_{ij}>0$，否则 $a_{ij}=0$。根据定义，自然有 $a_{ii}=0$。可以得到矩阵 A：

$$A=(a_{ij}),\quad i=1,2,\cdots n, j=1,2,\cdots,m \tag{5.25}$$

对于每一个灾害事件节点 $j=1,2,\cdots,m$，一个随机变量 ξ_j 用来描述其状态，并用 1 或者 0 来表示该节点是否发生。对于每一个承灾载体节点 k（$k=m+1,m+2,\cdots,n$），用"不可操作性"来描述其状态，用一个 0～1 的连续变量 ζ_k 来刻画它。

为了构建数学模型，我们做出如下两条假设。

假设一：假定随机变量 ξ_j 具有马尔可夫性质，即其只受与其有直接联系的上游事件的影响[64]。

假设二：假定所有承灾载体节点的不可操作性对其他事件的影响以及初始灾害事件的影响是具有可叠加性的，用数学语言可以描述为

$$x_i=\sum_{i=1}^{n}x_{ij}+c_i,\quad i=1,2,\cdots,n \tag{5.26}$$

式中，c_i 为初始灾害事件对承灾载体 i 造成的不可操作性；x_{ij} 为节点 j 对节点 i 造成的不可操作性；x_i 为节点 i 的不可操作性总和。

可以建立如下的条件概率关系式：

$$P(\xi_j=1|\xi_i=x_i,\zeta_k=y_k)=\pi_j+\sum_i x_i a_{ij}+\sum_k y_k a_{kj}$$

$$i,j=1,2,\cdots,m,\quad k=m+1,\cdots,n \tag{5.27}$$

式中，π_j 为灾害事件节点 j 自发发生的概率，式（5.27）表示灾害事件节点 j 发生（即 $\xi_j=1$）的概率值与灾害事件节点 i 的发生概率 $\xi_i=x_i(\xi_j=1|\xi_i=x_i,\zeta_k=y_k)$ 和承灾载体节点的不可操作性 $\zeta_k=y_k(0\leqslant y_k\leqslant1)$ 间呈线性关系。由于是概率关系，式（5.27）满足：

$$\pi_j+\sum_{i=1}^{m}x_i a_{ij}+\sum_{k=m+1}^{n}y_k a_{kj}\leqslant1 \tag{5.28}$$

在上述关系中只考虑直接联系的事件节点，描述的是灾害事件节点发生概率的数学关系。在假设一的前提下，可以得到

$$\begin{cases}P_j=\pi_j+\sum_{i=1}^{m}P_i a_{ij}+\sum_{k=m+1}^{n}R_k a_{kj}\\P_j=\min\left(\pi_j+\sum_{i=1}^{m}P_i a_{ij}+\sum_{k=m+1}^{n}R_k a_{kj},1\right)\end{cases} \tag{5.29}$$

式中，R_k 为承灾载体节点 k 的不可操作性。

用 b_{jk} 表示第 k 个承灾载体被第 j 个灾害事件所造成的不可操作性，结合所有

节点共同作用下第 j 个灾害事件的发生概率 P_j，可以得到每一个承灾载体由于所有与其相联系的灾害事件节点所造成的不可操作性 C_k：

$$C_k = \sum_{i=1}^{m} P_i b_{ik} \tag{5.30}$$

为了定量分析灾害链系统的风险，定义一个物理量：直接影响系数 M_{ij}，表示直接相联系的承灾载体之间的依赖关系，物理意义为第 i 个承灾载体完全丧失功能将导致第 j 个承灾载体不可操作性的程度。

设 M_{ik} 和 M_{kj} 表示两个直接影响系数，则第 j 个节点通过第 k 个节点导致第 i 个承灾载体节点的不可操作性为 $M_{ik}M_{kj}$。其中有 n 个中间环节，所以第一次间接影响系数合计为 $\sum_{k=1}^{n} M_{ik}M_{kj}$，以此类推，$\sum_{s=1}^{n}\sum_{k=1}^{n} M_{is}M_{sk}M_{kj}$ 表示第二次间接影响系数的合计，所以完全影响系数为

$$t_{ij} = M_{ij} + \sum_{k=1}^{n} M_{ik}M_{kj} + \sum_{s=1}^{n}\sum_{k=1}^{n} M_{is}M_{sk}M_{kj} + \cdots \tag{5.31}$$

可知无穷级数右边第一项 M_{ij} 为直接影响系数矩阵 M 的第 i 行第 j 列，第二项 $\sum_{k=1}^{n} M_{ik}M_{kj}$ 为矩阵 M^2 的第 i 行第 j 列，$\cdots$，如果令

$$T = \begin{pmatrix} t_{11} & \cdots & t_{1n} \\ \vdots & & \vdots \\ t_{n1} & \cdots & t_{nn} \end{pmatrix} = (t_{ij}) \tag{5.32}$$

式中，T 称为灾害链中承灾载体节点间的完全影响系数矩阵。这样，无穷级数可以写成矩阵级数形式：

$$T = M + M^2 + M^3 + \cdots + M^k + \cdots = \sum_{k=1}^{\infty} M^k \tag{5.33}$$

根据矩阵运算：

$$(I-M)(I+M+M^2+\cdots+M^{m-1}) = I - M^m \tag{5.34}$$

式中，m 为任意正整数，因此：

$$I + M + M^2 + \cdots + M^{m-1} = (I-M)^{-1}(I-M^m) \tag{5.35}$$

假设 $(I-M)^{-1}$ 存在，则有 $\lim_{m\to\infty} M^m = 0$，所以：

$$(I-M)^{-1} = M + M^2 + M^3 + \cdots + M^m + \cdots = \sum_{m=0}^{\infty} M^m \tag{5.36}$$

进而：

$$T = (I-M)^{-1} - I \tag{5.37}$$

式中，I 为单位矩阵。

承灾载体节点 k 由所有事件节点（包括灾害事件和承灾载体）造成的不可操作性可以表示为

$$R_k = \sum_{i=m+1}^{n} C_i T_{ik} \tag{5.38}$$

进一步，可以得到

$$R_k = C_k + \sum_{i=m+1}^{n} R_i M_{ik} \tag{5.39}$$

也就是

$$R_k = \sum_{i=1}^{m} P_i b_{ik} + \sum_{i=m+1}^{n} R_i M_{ik} \tag{5.40}$$

值得注意的一点是，由于承灾载体的不可操作性满足 $0 \leqslant R_k \leqslant 1$，方程可能没有解，此时需要解方程：

$$R_k = \min\left(\sum_{i=1}^{m} P_i b_{ik} + \sum_{i=m+1}^{n} R_i M_{ik}, 1 \right) \tag{5.41}$$

综上所述，自然灾害链静态风险分析模型可以归纳为

$$\begin{cases} P_j = \pi_j + \sum\limits_{i=1}^{m} P_i a_{ij} + \sum\limits_{k=m+1}^{n} R_k a_{kj} \\[2mm] R_k = \sum\limits_{i=1}^{m} P_i b_{ik} + \sum\limits_{i=m+1}^{n} R_i M_{ik} \\[2mm] P_j = \min\left(\pi_j + \sum\limits_{i=1}^{m} P_i a_{ij} + \sum\limits_{k=m+1}^{n} R_k a_{kj}, 1 \right) \\[2mm] R_k = \min\left(\sum\limits_{i=1}^{m} P_i b_{ik} + \sum\limits_{i=m+1}^{n} R_i M_{ik}, 1 \right) \\[2mm] j = 1, 2, \cdots, m, \quad k = m+1, m+2 \cdots, n \end{cases} \tag{5.42}$$

2. 模型参数确定

在构建的静态模型中，三个参数矩阵 $[\, A(a_{ij}) 、 B(b_{ij}) 、 M(m_{ij}) \,]$ 的确定对模型的求解至关重要，三个参数矩阵的物理含义如下。

a_{ij} 表示任何节点（包括灾害事件和承灾载体）的发生触发灾害事件发生的概率。如果触发节点为灾害事件，则表示灾害事件 i 发生时，触发灾害事件 j 的概率；如果触发节点为承灾载体，则表示承灾载体 i 完全不可操作时，触发灾害事件 j 发生的概率。在模型中，a_{ij} 描述的是灾害事件的发生概率对其他节点的依赖程度。例如，如果 $a_{ij} = 1$，表示灾害事件（或承灾载体）i 发生（或完全不可操作）将必定导致灾害事件 j 的发生。

b_{ij} 表示灾害事件的发生导致承灾载体不可操作性的程度，即灾害事件 i 发生时，触发承灾载体 j 的不可操作性为 b_{ij}。在模型中，b_{ij} 描述的是承灾载体的不可操作性对灾害事件的依赖程度。如果 $b_{ij}=1$，则表示灾害事件 i 发生，将导致承灾载体 j 完全不可操作，即失去全部功能。

m_{ij} 表示直接影响系数，表示承灾载体 i 完全不可操作时，触发承灾载体 j 的不可操作性为 m_{ij}。在模型中，m_{ij} 描述的是承灾载体之间的相互依赖程度。如果 $m_{ij}=1$，表示承灾载体 i 完全不可操作时，将导致承灾载体 j 也完全不可操作。t_{ij} 为完全影响系数，表示承灾载体间层层相互影响的定量关系，它是由承灾载体相互间的依赖关系决定的，反映的是承灾载体之间的内在联系。可以证明完全影响系数具有以下两个性质。

性质 5.1　自然灾害链中承灾载体节点增加，完全影响系数 t_{ij} 不减。

性质 5.2　原来有 $n-1$ 个承灾载体的灾害链中新增加一个承灾载体，如果该承灾载体与其他 $n-1$ 个承灾载体的触发关系是单向的，即该承灾载体不能导致其他 $n-1$ 个承灾载体不可操作（其他 $n-1$ 个承灾载体可以导致该承灾载体的不可操作性）或者其他 $n-1$ 个承灾载体不能触发该承灾载体的不可操作性（该承灾载体可以导致其他 $n-1$ 个承灾载体的不可操作性），那么新增加的承灾载体节点将不会改变原有 $n-1$ 个承灾载体相对应的完全影响系数。

3. 模型适用范围

灾害链的后果通过承灾载体的不可操作性衡量，而在模型的构建过程中有一个重要假设就是承灾载体被不同节点触发的不可操作性是可叠加的。下面结合灾害链风险的特征，探讨在建模过程中这个假设的适用范围。式（5.42）不可操作性的定量关系可以整理为[59, 62, 65]

$$R_i = f_i(R_1, R_2, \cdots, R_n) + c_i, \ 0 \leqslant R_i \leqslant 1, \ i = 1, 2, \cdots, n \qquad (5.43)$$

式中，R_i 为灾害链中第 i 个承灾载体的不可操作性；c_i 为灾害链中初始灾害事件发生的概率，作为灾害链系统的扰动项，c_i 是概率，取值范围是 $0 \sim 1$。函数 $f(R_1, R_2, \cdots, R_n)$ 是由灾害链中各类节点的相互依赖关系决定的，是无限可微的。灾害链系统风险的演化是基于所有事件节点的，由此可知函数 $f_i(\cdot), i = 1, 2, \cdots, n$ 满足对其中任何变量的变化都是非减的关系，即

$$f_{i,R_j}(R_1, R_2, \cdots, R_n) = \frac{\partial f_i(R_1, R_2, \cdots, R_n)}{\partial R_j} \geqslant 0 \qquad (5.44)$$

此外，因为 $f_i(\cdot), i = 1, 2, \cdots, n$ 是无限可微的，因此可以对其进行泰勒级数展开，得到

$$R_i = f_i(0, 0, \cdots, 0) + \sum_{j=1}^{n} f_{i,R_j}(0, 0, \cdots, 0) R_j + \cdots + c_i \qquad (5.45)$$

下面考虑式（5.45）可以忽略高阶微分的情况，分为三种情况：①扰动项，即初始灾害事件发生的概率非常小；②高阶微分非常小；③扰动项，即初始灾害事件发生的概率接近于 1。满足上述三种情况时，可以将方程进行线性化处理。三种情况的数学描述为

$$\left| \frac{c_i}{f_{i,R_j}(0,0,\cdots,0)} \right| \ll 1, \quad \text{其中一个特例情况是 } c_i \to 0 \qquad (5.46)$$

$$\begin{cases} \left| \dfrac{f_{i,R_jR_k}(0,0,\cdots,0)}{f_{i,R_j}(0,0,\cdots,0)} \right| \ll 1 \\[4mm] \left| \dfrac{f_{i,R_jR_kR_l}(0,0,\cdots,0)}{f_{i,R_j}(0,0,\cdots,0)} \right| \ll 1 \\[2mm] \qquad\qquad \cdots\cdots \end{cases} \qquad (5.47)$$

$$c_i \approx 1 \qquad (5.48)$$

式（5.46）描述的是扰动项非常小时，每次由上游事件的概率通过依赖关系计算不可操作性时，要相应乘以初始概率，所以灾害链系统中承灾载体的不可操作性 R_i 也非常小，因此高阶微分项可以忽略不计；式（5.47）描述的是高阶微分项与一阶微分项相比非常小，这表明函数 $f_i(\cdot)$, $i=1,2,\cdots,n$ 是接近于线性的；式（5.48）描述了灾害链系统的风险处于极端情况下，即已有某一灾害事件发生，由于在模型中已经限定 $0 \le R_i \le 1$，所以此时高阶项同样可以忽略。

讨论的三种情况是构建模型的适用范围，在上述三种情况下，式（5.45）可表示为

$$R_i = f_i(0,0,\cdots,0) + \sum_{j=1}^{n} f_{i,R_j}(0,0,\cdots,0)R_j + c_i \qquad (5.49)$$

与本节构建的模型相吻合。

4. 方程求解

将式（5.42）改写为向量形式：

$$\begin{cases} P = \pi + P \cdot A' + R \cdot A'' \\ R = P \cdot B + R \cdot M \end{cases} \qquad (5.50)$$

式中，A' 为 A 矩阵的前 m 行所构成的矩阵；A'' 为 A 矩阵的第 $m+1$ 行至第 n 行构成的矩阵。由于条件 $0 \le P_i \le 1$，$0 \le R_i \le 1$ 的限制，方程不能直接求解，而需要采取迭代的方法。令 P_N 和 R_N 分别表示第 N 次迭代的结果，基本算法如下。

（1）初始化：令 $P_0 = 0$，$R_0 = 0$。

（2）迭代计算：

$$P_1 = \pi + P_0 \cdot A' + R_0 \cdot A''$$
$$R_1 = P_0 \cdot B + R_0 \cdot M$$
$$P_2 = \pi + P_1 \cdot A' + R_1 \cdot A''$$
$$R_2 = P_1 \cdot B + R_1 \cdot M \qquad (5.51)$$
$$\cdots\cdots$$
$$P_{N+1} = \pi + P_N \cdot A' + R_N \cdot A''$$
$$R_{N+1} = P_N \cdot B + R_N \cdot M$$
$$\cdots\cdots$$

（3）条件判断。在每次迭代结束后进行判断，如果 $P_i > 1$ 或者 $R_i > 1$，则令 $P_i = 1$，$R_i = 1$，迭代过程终止。

（4）迭代终止条件判断。当 $P_{N+1} = P_N$，$R_{N+1} = R_N$ 时，方程解达到平衡，获得的值即为方程的最终解。

5.4.3　自然灾害链动态风险分析模型

静态风险分析模型研究的是风险在灾害链网络节点中的分布，是风险分布达到平衡状态的情况。但是，关于灾害链网络风险分析还有一个问题需要解决：风险分布的平衡状态是如何达到的，也就是在达到平衡状态之前，灾害链风险的动态演化和增生过程如何？因此需要对灾害链动态风险分析进行研究和讨论。

假定在 $t = 0$ 时刻，灾害链系统处于正常状态，即初始灾害事件发生的概率为 0，次生灾害发生的概率以及承灾载体不可操作性均为 0。如果有一些外部扰动，使初始灾害事件发生的概率大于 0，将导致灾害链系统从稳定状态变为激发态，也就是导致 $P_i > 0$，$R_i > 0$，那么需要回答下面的问题：给定一个初始灾害事件发生的概率，灾害链系统如何演化？也就是说系统的状态参量 $\{P_i, R_i\}$ 如何随着事件进行演化？

考虑一个状态参量为 $x(t) = \{x_1(t), x_2(t), \cdots, x_n(t)\}$ 的动力学系统，系统的初始状态为 $x(t) = 0 \equiv \{0, 0, \cdots, 0\}$。假设 $x(t) \in C^\infty$，该动力学系统可以表示为

$$\dot{x}(t) = f(x, \dot{x}, t) + u(t) \qquad (5.52)$$

式（5.52）的初始条件为 $x(0) = 0$。式中，$u(t) = [u_1(t), u_2(t), \cdots, u_n(t)]$ 表示外部干扰的速率。该动力学系统有一些基本的性质。

（1）该系统为正则动力学系统[66]，系统的状态变量的变化范围是 0～1。

（2）若 $x_i(T) = 1$，在任意 $t > T$ 的情况下，只要 $u_i(t) \geq 0$，就有 $x_i(t) = 1$。

（3）系统至少有一个平衡点，即静态平衡方程的解。若 $u_i(t)$ 非负，则 $x = (1, 1, \cdots, 1)$ 可能是该动力学系统的另一个解。

正则动力学系统的属性与本节针对灾害链建立的风险分析模型的某些属性相吻合，因此，自然灾害链系统风险动态演化关系满足：

$$
\begin{cases}
\dfrac{\mathrm{d}R_i}{\mathrm{d}t} = \sum_{i=1}^{m} P_i(t)b_{ki} + \sum_{i=m+1}^{n} R_i(t)M_{ik} \\
\dfrac{\mathrm{d}P_k}{\mathrm{d}t} = \sum_{i=1}^{m} P_i(t)a_{ij} + \sum_{k=m+1}^{n} R_k(t)a_{kj} + \pi_j(t)
\end{cases}
\tag{5.53}
$$

方程初始状态为 $R_i(0) = 0$，$P_k(0) = 0$，假设初始灾害事件发生的概率，即扰动项是瞬时效应，也就是

$$
\pi_k(t) = \pi_{k0}\delta(t-\tau)
\tag{5.54}
$$

式中，$\delta(t-\tau)$ 为狄拉克函数；τ 为外界扰动发生的时间，也就是初始灾害事件发生概率不为 0 的时间。式（5.53）可以改写为向量形式：

$$
\begin{cases}
\dfrac{\mathrm{d}R}{\mathrm{d}t} = P(t)\cdot B + R(t)\cdot M \\
\dfrac{\mathrm{d}P}{\mathrm{d}t} = P(t)\cdot A' + R(t)\cdot B'' + \pi(t)
\end{cases}
\tag{5.55}
$$

本节建立的自然灾害链风险分析模型从风险识别出发，针对形成的灾害链网络，讨论承灾载体的不可操作性，并结合灾害事件发生概率讨论灾害链系统的风险。模型可用于研究灾害链节点的相互依赖关系和相互影响，可以对灾害链风险分布情况进行计算，也可以用来分析和识别灾害链中的关键节点，从而为管理灾害链风险提供科学依据。

5.5 自然灾害链风险评价

风险评价是在风险识别和风险分析的基础上，将风险分析的结果与预先设定的风险准则相比较，或在各种风险分析结果之间进行比较，确定风险的等级[67]。事故灾难的风险通常使用个人风险和社会风险衡量[68, 69]，然而自然灾害由于其种类和致灾机制的复杂性，往往难以统一量化为个人风险和社会风险指数进行比较，而是根据各类自然灾害的特征建立指标体系，结合数学模型对其进行风险评价。早期学者采用灾度、灾损率、经济损失等指标对灾害损失进行评估[70-73]，以反映灾情严重程度和灾害等级。但由于各种自然灾害灾情与影响存在巨大的差异而难以统一，且具有一定的局限性，现在常用的指标类型包括致灾因子危险性、孕灾环境脆弱性、承灾体暴露性、防灾减灾能力等维度，对于不同种类的自然灾害，各类指标的含义也会有所不同。常用的数学模型方法包括层次分析法、熵权法、模糊综合评判法等，已在 5.3 节、5.4 节进行了比较详尽的介绍，本节不再重复。

常见的自然灾害风险评价指标主要可以分为致灾因子危险性、孕灾环境脆弱性、

承灾体暴露性、防灾减灾能力等维度。对于不同种类的自然灾害，根据其自然特征，各类指标的含义也会有所不同。本节以三种我国常见的典型自然灾害（干旱灾害、洪涝灾害、地质灾害）为例，从现有研究中总结出四类指标中的常见具体指标[74-78]。

5.5.1 致灾因子危险性

致灾因子危险性的相关指标主要反映灾害本身的危害程度，包括灾害种类、规模、强度、频率、影响范围等，张继权等认为致灾因子危险性可以从自然灾害的频率和强度两方面进行分析与评价[39]，部分常用具体指标如表 5.6 所示。

表 5.6　常见致灾因子危险性指标

灾害类型	频率指标	强度指标
干旱灾害	不同等级干旱的发生频率	年水分盈亏量
		受旱面积
		绝收面积
	农业气象干旱的发生频率	因旱减产量
		参考蒸散量
		月平均土壤含水率
洪涝灾害	不同等级洪水的发生频率（十年一遇、百年一遇等）	大气海洋环境指标
		多年平均降水量
		年最大暴雨量
		洪水总量
		洪峰水位
		洪水历时
		水流冲击力
		淹没水深
		淹没历时
地质灾害	不同等级地震的发生频率	滑坡变形速度
		滑体厚度
		建筑物埋深
		滑程内最大冲击力
		滑程内最大深度
	余震概率	地震烈度/峰值加速度
		震源深度
		震中距离
		震级强度
		余震雷击破坏效应系数

5.5.2 孕灾环境脆弱性

自然灾害的孕灾环境是由自然环境中大气圈、水圈、生物圈、岩石圈等圈层组成的地球表层系统，即风险区内对自然灾害发生可能起到促进或诱发作用的自然环境与人为环境。孕灾环境脆弱性指标，即是区域内自然灾害影响因素对自然灾害本身的承受能力分析，通常包括地形地貌条件、气候要素等。常见孕灾环境脆弱性指标如表 5.7 所示。

表 5.7 常见孕灾环境脆弱性指标

灾害类型	孕灾环境脆弱性指标
干旱灾害	海拔
	坡度
	植被覆盖度指数
	土地利用类型
	气温
	月平均降水量
	日照时数
	相对湿度
	河网密度
洪涝灾害	大气海洋环境指标
	天体背景指标
	水文气象环境指标
	下垫面指标
地质灾害	雨量强度
	地质岩性
	地质结构构造
	植被覆盖度指数
	年平均降雨量
	坡度

5.5.3 承灾体暴露性

自然灾害的承灾体是致灾因子作用的客体，往往是风险区域中人类社会自然经济系统的总和，通常需要根据区域灾害承灾体的种类、分布数量、密度、范围、经济价值属性等特性进行具体分析。常见承灾体暴露性指标如表 5.8 所示。

表 5.8 常见承灾体暴露性指标

灾害类型	承灾体暴露性指标
干旱灾害	区域农业生产总值占总生产总值比例
	区域农田面积占比
	植被覆盖度指数
地质灾害	建筑物维护状况
	建筑物结构分类
	建筑物脆弱性
	城市化率
	投资率
	建筑倒塌致使人口死亡率
洪涝灾害	水坝高度
	日照时数
	相对湿度
	河网密度
通用指标	受灾区域人口密度
	受灾区域人口年龄结构
	受灾区域人员平均受教育年限
	受灾区域人员健康状况
	年平均期望损失

5.5.4 防灾减灾能力

针对自然灾害的防灾减灾能力，通常是指风险区域通过工程性措施和非工程性措施在灾害发生前进行灾害预防，或灾害发生后减少灾害损失的能力。防灾减灾能力通常反映整个人类社会自然经济系统面对灾害的综合抵抗、吸收、适应与恢复能力，因此其指标体系相较于反映灾害本身的特质，更多地体现承灾体主动防灾减灾的相关能力与属性，即存在更多通用指标。常见防灾减灾能力指标如表 5.9 所示。

表 5.9 常见防灾减灾能力指标

灾害类型	防灾减灾能力指标
干旱灾害	抗旱设备数量
	有效灌溉率
	水库供水能力

续表

灾害类型	防灾减灾能力指标
地质灾害	监测预警能力
	生命线系统抗震能力
	居民自救能力
	建筑物抗震能力
洪涝灾害	洪水预报精度
	行洪区滞蓄洪量
	抗洪救灾投入量
	排水管道密度
通用指标	应急避难场所规模
	应急供水中心规模
	应急救援队伍规模
	区域人均生产总值
	救援物资储备
	每千人医疗资源量
	灾区通信能力
	交通运输能力
	应急预案编制状况

　　本节从致灾因子危险性、孕灾环境脆弱性、承灾体暴露性、防灾减灾能力四个维度总结了自然灾害风险评价过程中常见的评价指标，以这些指标为基础建立指标体系，结合数学模型对区域风险进行评价，是衡量风险大小的重要手段，也是风险管理过程的核心环节。需要指出，由于自然灾害种类的复杂性，现有的自然灾害风险评价研究大多针对单一自然灾害建立评价指标体系，鲜有对自然灾害链进行风险评价的指标体系研究，如何建立统一指标体系框架对自然灾害链进行合理、准确的风险评价，是未来研究的重要方向。

5.6　自然灾害链风险应对

　　随着各级政府对自然灾害风险应对的重视，我国应对自然灾害突发事件的能力得到了稳步的提高。但是，在实际管理中仍存在对可能发生的自然灾害链重视不够、对自然灾害链特征规律认识不足、风险应对缺乏科学性等问题，特别是未能很好地针对自然灾害链的特征规律开展与单一自然灾害不同的风险应对措施。

本节将从管理学的角度出发,结合灾害链特有的链式特征规律,探讨自然灾害链断链减灾的模式与机制以及灾害链驱动预案链的风险应对模式。

5.6.1　自然灾害链风险应对的思考

1. 自然灾害链断链减灾模式与机制

自然灾害链包括灾害事件、承灾载体、应急管理和灾害要素四个组成部分,结合自然灾害链或者事件源头性质判别,自然灾害链断链减灾应该从以下几个方面进行考虑。

1)从灾害链源头构建断链模式[60]

(1)控制灾害事件。尽力削弱或者消除自然灾害链中的主导因素,如人工消除机场冷雾来预防大雾引起的灾害链,装避雷针预防雷击引起的灾害链,人工催化降雨、人工抑雹、人工影响台风路径与强度等科学与探索,已有部分成效,这些都是从源头上断链减灾思想的一种体现。

(2)增强承灾载体的承载能力,减少受灾损失。例如,在洪水高发季节,采取筑堤、建坝等预防措施,增强承灾载体的抗灾能力;此外,在灾害事件经常活动的路径或活动频繁的季节,尽可能减少承灾载体的数量和类型。例如,在滑坡、泥石流易发区域不建城镇、不住人、不建设有经济价值的建筑物等。

2)灾害链事件节点间触发、转化条件的控制

自然灾害链中事件节点间虽然具有普遍联系的特征,但是这种联系的存在是受客观条件制约的。同一个初始灾害事件,由于客观环境不同,可能诱发的灾害链以及各个衍生事件发生的风险都是存在差异的。因此,为了准确地掌握一个区域可能发生的灾害链以及灾害链中各个事件发生的概率,实施有针对性的风险应对措施,根据客观情况开展针对自然灾害链事件节点间触发、转化条件的控制是十分必要的。

自然灾害链事件节点间触发、转化条件的控制,可以通过建立自然灾害链知识库来进行智能化管理。知识库应包括事件库、预案法规库、管理部门库、影响目标库等。组织模式为建立事件库与预案法规库、管理部门库、影响目标库以及初始事件可能诱发的一级衍生事件(来源于事件库)间的知识联系,通过建立算法自主学习获得以某一事件为初始灾害事件的灾害链以及应对该类灾害链所有相关联的预案法规、管理部门、影响目标等信息。事件库与预案法规库、管理部门库以及影响目标库之间的知识联系可以通过历史案例分析以及专家意见来建立,通过知识联系,在灾害事件发生时,每一个事件节点自动关联到与其相对应的预案法规、管理部门和影响目标,为控制自然灾害链提供科学依据。灾害链中事件节点间触发、

转化条件构成事件与其诱发的衍生事件的知识联系，通过知识联系可以定量地获得某一事件的发生可能诱发衍生事件发生的概率，判断灾害链中的关键节点。

3）灾害链潜伏期的识别与监测预警

灾害链潜伏期的灾情状态对于灾害链的预防和应对是极其重要的。初始灾害事件发生时，其可能诱发的衍生灾害的灾情参数指标也在形成之中，灾害链的状态特征也将显露出来；加强对该阶段的观察、取样、监测、监控，易获得灾害链事件节点的临界状态以及灾害链的关键控制节点。因此，自然灾害链潜伏期的识别和监测要体现综合性和完备性的特点，能够对跨灾种灾害突发事件的各种灾情参数指标实现并行识别监测。潜伏期灾害链的识别与监测可从以下几个方面进行。

（1）建立灾害事件特征数据库，要求包含灾害事件类型、灾害事件发生的诱发因素、灾害事件发生的环境条件、灾害事件级别与特征参数对应关系、灾害事件形态变异指标、灾害事件地域特性等信息。

（2）在灾害事件特征数据库的基础上，通过分析推理得出潜在灾害链的状态诱发参数及性态变异指标，包括灾害事件状态或者临界状态参数、灾害事件转化能量与动力信息参数、灾害事件启动条件参数、灾害事件发展过程中的阻尼参数等。

（3）重点识别和监测灾害链状态诱发参数和性态变异指标，建立灾害链预警监控网络，力求结合 GIS、GPS、无线传感网络技术，实现多尺度监测数据的获取、传输和处理。

（4）在预警上，注重事件节点输入输出因素以及重要的预警指标的提取，加强对多灾种衍生、耦合的预测模型和预警理论以及多种物理模型综合集成的研究，探索自然灾害链预测结果的同步表现形式。

2. 灾害链驱动预案链的风险应对模式

在自然灾害链风险应对中，最重要的过程就是启动与灾害事件对应的应急预案。截至 2008 年 11 月，全国制定的各类应急预案数量已经达到了 130 多万件，所有省级政府、97.9%的市级政府、92.8%的县级政府都已经编制了总体应急预案[79]。从预案的分类来看，可以按照行政级别（国家、省、地市和县）和事件分类来划分，呈现金字塔形分布。基层预案的事件分类较细，理论上可以与灾害事件的种类相对应，往上分类逐渐变粗。自然灾害链的风险应对过程往往呈现"四多"的特点，即多管理部门综合协调、多种应急资源优化组合、多种应急预案并行启动、多种应急处置方案同时形成。建立灾害链驱动预案链的风险应对模式，就是在自然灾害链风险应对过程中由多个预案协调、融合形成一套完整的预案链来应对自然灾害链，可以有效协调多部门职能、优化多种应急资源。预案链的形成不是对预案的简单叠加，而是对多个预案的职能和结构根据实际管理需求进行智能优化融合，这一过程要基于数字化预案来实现。智能化预案链需要在软件平台上优化融合多个应对单一灾害事件的数字化预案，生成预案链的软件平台主要的组成内容包括以下几部分。

（1）预案库系统：管理应对各种灾害事件的数字化预案，供预案遴选系统调用。在具体处置一起灾害事件的过程中，通常情况下，首先启动底层的应急预案，随着灾害事件级别的上升，上级部门启动应急预案，以此类推，最后形成一条逐级向上、依次启动的预案链。

（2）预案遴选系统：需要输入所有灾害链中灾害事件节点的名称，系统自动搜索可以应对灾害事件的数字化预案。预案遴选系统需要解决的关键技术是搜索规则的制定，如何根据输入的灾害事件名称快速、准确地关联到相对应的数字化预案。预案链的搜索过程如图 5.9 所示。首先，根据灾害事件的属地，按照行政级别逐级向上搜索。同一级的预案分为总体预案、专项预案和部门预案。为了从各

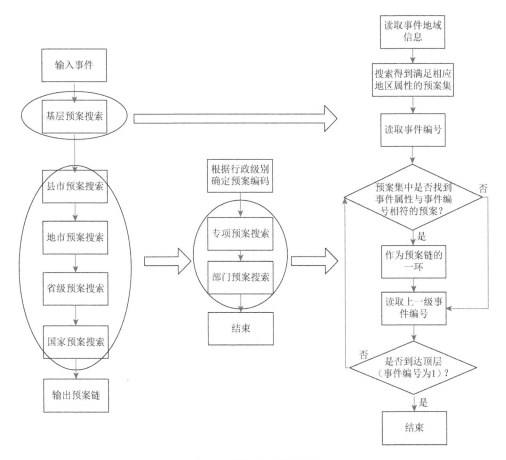

图 5.9　预案链的搜索过程

级、各类预案中搜索出与灾害事件相关联的预案，需要给预案库中的每条预案赋予不同的属性值。

（3）预案融合优化系统：将遴选出的数字化预案进行融合优化，形成一套完整的预案链，以应对发生的自然灾害链。预案融合优化系统需要解决的关键技术包括应急管理部门职能的协调、应急救援资源的整合、灾害事件预测模拟模型的集成等。

（4）辅助决策系统：将经过融合优化的预案链、空间环境信息、应急资源信息、现场信息等进行综合，通过掌握主要救援力量、应急物资储备、应急资金储备、应急通信系统等情况，依据综合集成预测模型的预测结果对预案链进行修正，生成智能化决策方案。利用决策流程实现应急指挥中心和灾害事件现场间信息的互联互通，下达指挥方案，在必要时迅速依照上述流程更新智能决策方案，实现交互、动态的决策指挥。

（5）预案链评估系统：评估预案链应对灾害链的效果。自动记录预案链生成过程以及灾害链应对过程，按照相关规定确定的评价指标，对应急过程中预案链生成的合理性以及应对过程中各种措施的及时性、有效性进行综合评估，生成评估报告，为今后的预案链的生成以及灾害链的应急响应提供支持。

5.6.2　自然灾害链风险应对流程

自然灾害链风险应对流程如图 5.10 所示。初始灾害事件发生后，找出与初始灾害事件相对应的应急预案，作为初始智能方案，进行前期应急处置。同时立即调用事件特征库、灾害链知识库、基础信息库、空间信息库等相关数据库自动生成可能产生的灾害链，并经过专家意见的不断反馈调整，生成最终的灾害链。随后启动智能化预案链生成系统，生成初步的智能化灾害链处置方案，结合现场情况、相应知识以及专家经验等，修正初步的灾害链处置方案，用修正的智能方案指导风险应对；在风险应对的过程中判断是否有新的事件节点发生，来不断地调整灾害链，由灾害链驱动预案链，动态调整风险应对方案，实现交互式动态决策指挥。在风险应对过程中，对全过程进行记录，风险应对后对应急响应过程和应急效果进行评估，以便积累经验指导日后的风险应对工作。

本节从管理学的角度出发，结合灾害链特有的链式特征，提出了自然灾害链断链减灾的模式与机制以及灾害链驱动预案链的风险管理模式，最后给出的风险应对流程可以为自然灾害链的风险管理提供支持。

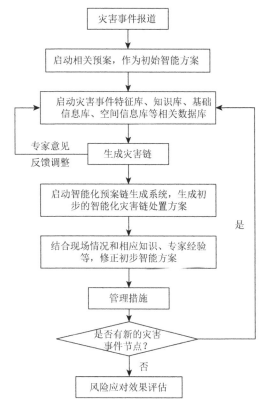

图 5.10 自然灾害链风险应对流程

5.7 本 章 小 结

本章给出了自然灾害链及其风险的定义，并从风险识别、风险分析、风险评价、风险应对四个方面对自然灾害链的风险管理过程进行建模，旨在提出准确、合理、有效的自然灾害链风险管理方法。本章的主要研究成果与结论总结如下。

（1）本章回顾了对自然灾害链的现有研究，并给出了自然灾害链的定义和特征。通过对自然灾害链风险的定义并给出数学描述，本章提出了自然灾害链的风险管理流程框架，将自然灾害链风险管理划分为风险识别、风险分析、风险评价与风险应对四个步骤。

（2）本章提出了自然灾害链风险识别的定性与定量方法，通过社会调查/访谈法与事件树法两种定性方法建立了自然灾害链关联关系数据库，利用基于层次分析的模糊综合评价法、模糊突变定量分析法定量分析了自然灾害链中的因素触发关系，并应用到事故实例中确定了灾害链中灾害事件间的触发条件，验证了方法的有效性。

（3）本章以公共安全三角形框架为基础，从灾害事件、承灾载体、应急管理三个维度出发探讨自然灾害链中的风险分析过程，利用承灾载体不可操作性衡量事故后果，结合灾害事件发生概率分别构建了静态和动态的风险分析模型，定量讨论了自然灾害链系统风险，为管理自然灾害链风险提供了科学依据。

（4）本章在风险识别与风险分析的基础上，介绍了风险评价的方法与流程，并总结了常见的自然灾害风险评价指标，指出现有研究对自然灾害链风险评价指标体系的构建亟待发展与完善。

（5）本章从管理学角度出发，根据自然灾害链的链式特征，对自然灾害链风险应对过程展开思考，提出断链减灾模式机制以及灾害链驱动预案链的风险应对模式，建立了自然灾害链风险应对流程，为我国自然灾害链风险管理机制完善和制度建设提供了科学依据和理论支持。

参 考 文 献

[1]　张业成，张立海，马宗晋，等. 20 世纪中国自然灾害对社会经济影响的时代变化与阶段差异[J]. 灾害学，2008，23（2）：55-58，70.

[2]　中华人民共和国国家统计局，中华人民共和国民政部. 中国灾情报告：1949-1995[M]. 北京：中国统计出版社，1995.

[3]　沈洪明，朱晓华. 灾害对我国国民经济的作用模式研究[J]. 灾害学，2000，15（4）：86-89.

[4]　徐乃璋，白婉如. 水旱灾害对我国农业及社会经济发展的影响[J]. 灾害学，2002，17（1）：91-96.

[5]　王道龙，钟秀丽，李茂松，等. 20 世纪 90 年代以来主要气象灾害对我国粮食生产的影响与减灾对策[J]. 灾害学，2006，21（1）：18-22.

[6]　United Nations Office for Disaster Risk Reduction. The human cost of disasters：An overview of the last 20 years（2000-2019）[EB/OL]. [2022-10-26]. https://www.undrr. org/publication/human-cost-disasters-overview-last-20-years-2000-2019.

[7]　高孟潭. 提高我国重大自然灾害防治能力 —— 中华人民共和国应急管理部 [EB/OL]. [2022-10-26]. https://www.mem.gov.cn/xw/mtxx/202202/t20220228_408746.shtml.

[8]　United Nations. 国际减少灾害风险日，10 月 13 日[EB/OL]. [2022-10-26]. https://www.un.org/en/observances/disaster-reduction-day.

[9]　王静爱，史培军，王平. 中国自然灾害时空格局[M]. 北京：科学出版社，2006.

[10]　牛全福. 基于 GIS 的地质灾害风险评估方法研究：以"4·14"玉树地震为例[D]. 兰州：兰州大学，2011.

[11]　罗海婉. 城市洪涝灾害风险评估方法及其应用研究[D]. 广州：华南理工大学，2020.

[12]　乐肯堂. 我国风暴潮灾害风险评估方法的基本问题[J]. 海洋预报，1998，15（3）：38-44.

[13]　郗蒙浩，赵秋红，姚忠，等. 自然灾害风险评估方法研究综述[C]//风险分析和危机反应中的信息技术 —— 中国灾害防御协会风险分析专业委员会第六届年会论文集. 呼和浩特：中国灾害防御协会风险分析专业委员会，2014：82-87.

[14]　刘文方，肖盛燮，隋严春，等. 自然灾害链及其断链减灾模式分析[J]. 岩石力学与工程学报，2006，25（S1）：2675-2681.

[15]　郭增建，秦保燕. 灾害物理学简论[J]. 灾害学，1987，2（2）：25-33.

[16]　史培军. 三论灾害研究的理论与实践[J]. 自然灾害学报，2002（3）：1-9.

[17]　史培军. 再论灾害研究的理论与实践[J]. 自然灾害学报，1996，5（4）：6-17.

[18]　文传甲. 论大气灾害链[J]. 灾害学，1994，9（3）：1-6.

[19]　黄崇福. 综合风险管理的地位、框架设计和多态灾害链风险分析研究[C]//中国灾害防御协会风险分析专业委员会第二届年会论文集（二）. 中国灾害防御协会风险分析专业委员会，2006：38-46.

[20]　门可佩，高建国. 重大灾害链及其防御[J]. 地球物理学进展，2008，23（1）：270-275.

[21]　贾慧聪，王静爱，杨洋，等. 关于西北地区的自然灾害链[J]. 灾害学，2016，31（1）：72-77.

[22]　张永利. 多灾种综合预测预警与决策支持系统研究[D]. 北京：清华大学，2010.

[23]　史培军，吕丽莉，汪明，等. 灾害系统：灾害群、灾害链、灾害遭遇[J]. 自然灾害学报，2014，23（6）：1-12.

[24]　季学伟. 突发事件链风险评价与管理的定量化方法研究[D]. 北京：清华大学，2009.

[25]　Kaplan S，Garrick B J. On the quantitative definition of risk[J]. Risk Analysis，1981，1（1）：11-27.

[26]　Jeskie K B，Ashbrook P，Casadonte D，et al. Identifying and evaluating hazards in research laboratories[R]. Washington，D.C.：American Chemical Society，2013.

[27]　黄崇福. 自然灾害风险评价：理论与实践[M]. 北京：科学出版社，2005.

[28]　Wang R，Lian F，Han Y U，et al. Classification and regional features analysis of global typhoon disaster chains based on hazard-formative environment[J]. Geographical Research，2016，35（5）：836-850.

[29]　Wang J，Gu X，Huang T. Using Bayesian networks in analyzing powerful earthquake disaster chains[J]. Natural Hazards，2013，68（2）：509-527.

[30]　王然，连芳，余瀚，等. 基于孕灾环境的全球台风灾害链分类与区域特征分析[J]. 地理研究，2016，35（5）：836-850.

[31]　万红莲，宋海龙，朱婵婵，等. 明清时期宝鸡地区旱涝灾害链及其对气候变化的响应[J]. 地理学报，2017，72（1）：27-38.

[32]　赵恒峰，邱菀华，王新哲. 风险因子的模糊综合评判法[J]. 系统工程理论与实践，1997，17（7）：93-96，123.

[33]　戴朝寿. 概率论简明教程[M]. 北京：高等教育出版社，2008.

[34]　汪仁官. 概率论引论[M]. 北京：北京大学出版社，2005.

[35]　叶欣梁，温家洪，邓贵平. 基于多情景的景区自然灾害风险评价方法研究——以九寨沟树正寨为例[J]. 旅游学刊，2014，29（7）：47-57.

[36]　Cozzani V，Gubinelli G，Antonioni G，et al. The assessment of risk caused by domino effect in quantitative area risk analysis[J]. Journal of Hazardous Materials，2005，127（1/2/3）：14-30.

[37]　曹颖. 单体滑坡灾害风险评价与预警预报：以万州区塘角 1 号滑坡为例[D]. 武汉：中国地质大学，2016.

[38]　王鹏涛. 西北地区干旱灾害时空统计规律与风险管理研究[D]. 西安：陕西师范大学，2018.

[39]　张继权，荣广智，李天涛，等. 多致灾因子诱发地质灾害链综合风险评价技术[J]. 中国减灾，2022（7）：23-26.

[40]　李琼. 洪水灾害风险分析与评价方法的研究及改进[D]. 武汉：华中科技大学，2012.

[41]　延军平，白晶，苏坤慧，等. 对称性与部分重大自然灾害趋势研究[J]. 地理研究，2011，30（7）：1159-1168.

[42]　王米雪，延军平，李双双. 基于可公度方法的香港雷暴活动趋势判断[J]. 热带地理，2015，35（2）：228-234.

[43]　葛全胜，邹铭，郑景云. 中国自然灾害风险综合评估初步研究[M]. 北京：科学出版社，2008.

[44]　李燕妮. 信息时代美国传统电话业发展研究[D]. 苏州：苏州大学，2006.

[45]　Wang Y，Teague T，West H，et al. A new algorithm for computer-aided fault tree synthesis[J]. Journal of Loss Prevention in the Process Industries，2002，15（4）：265-277.

[46]　Papazoglou I A. Mathematical foundations of event trees[J]. Reliability Engineering & System Safety，1998，61（3）：169-183.

[47]　史培军. 灾害研究的理论与实践[J]. 南京大学学报，1991（11）：37-42.

[48]　何全江. 层次分析法简介[J]. 西北民族大学学报（哲学社会科学版），1984（4）：24-34.

[49] 谷昀. 基于模糊综合评判法的地铁施工风险评估研究[D]. 北京：中国铁道科学研究院，2013.

[50] 赵炳全，方向. 核电厂操纵员综合能力评价研究[J]. 清华大学学报（自然科学版），2000，40（2）：74-76.

[51] 杨炘，王鸿冰，邢云，等. 中国国际石油投资模糊数学综合评价方法[J]. 清华大学学报（自然科学版），2006，46（6）：855-857.

[52] 王莲芬，许树柏. 层次分析法引论[M]. 北京：中国人民大学出版社，1990.

[53] 胡宝清. 模糊理论基础[M]. 武汉：武汉大学出版社，2004.

[54] 凌复华. 突变理论及其应用[M]. 上海：上海交通大学出版社，1987.

[55] 彭越，樊宏. 突变理论在山地生态环境脆弱性分析评价中的应用初探[J]. 西南民族大学学报（自然科学版），2004，30（5）：633-637.

[56] 程毛林. 突变模型在综合评价中的应用[J]. 苏州科技学院学报，2004，21（4）：23-27.

[57] Arnold V I. 突变理论[M]. 周燕华，译. 北京：高等教育出版社，1990.

[58] 何平，赵子都. 突变理论及其应用[M]. 大连：大连理工大学出版社，1989.

[59] 施玉群，吴益民. 基于突变评价理论的施工截流标准优选[J]. 武汉水利电力大学学报，1997，30（6）：45-47.

[60] 肖盛燮. 灾变链式理论及应用[M]. 北京：科学出版社，2006.

[61] 范维澄，刘奕，翁文国. 公共安全科技的"三角形"框架与"4＋1"方法学[J]. 科技导报，2009，27（6）：3.

[62] Haimes Y Y，Jiang P. Leontief-based model of risk in complex interconnected infrastructures[J]. Journal of Infrastructure Systems，2001，7（1）：1-12.

[63] Yacov Y，Haimes Y Y，Ping H，et al. 风险建模、评估和管理[M]. 胡平，等译. 西安：西安交通大学出版社，2007.

[64] Malyshev V A，Ignatyuk I A，Molchanov S A. Momentum closed processes with local interaction and communication networks[J]. Problems of Information Transmission，1989，25：65-77.

[65] Jiang P，Haimes Y Y. Risk management for Leontief-based interdependent systems[J]. Risk Analysis，2004，24（5）：1215-1229.

[66] Fairman F W. Introduction to dynamic systems：Theory，models and applications[J]. Proceedings of the IEEE，1981，69（9）：1173.

[67] 中华人民共和国国家市场监督管理总局，中国国家标准化管理委员会.风险管理-风险评估技术：GB/T 27921—2023 [S]. 北京：中国标准出版社，2023.

[68] 李天祺，赵振东，余世舟. 石化企业毒气泄漏的数值模拟与危险性评估[J]. 安全与环境学报，2011，11（5）：218-221.

[69] 中华人民共和国应急管理部. 危险化学品生产、储存装置个人可接受风险标准和社会可接受风险标准（试行）[EB/OL]. [2022-11-02]. https://www.mem.gov.cn/gk/zcjd/201406/t20140627_233065.shtml.

[70] 任鲁川. 灾害损失定量评估的模糊综合评判方法[J]. 灾害学，1996，11（4）：5-10.

[71] 魏庆朝，张庆珩. 灾害损失及灾害等级的确定[J]. 灾害学，1996，11（1）：1-5.

[72] 赵阿兴，马宗晋. 自然灾害损失评估指标体系的研究[J]. 自然灾害学报，1993，2（3）：1-7.

[73] 李翔，周诚，高肖俭，等. 我国灾害经济统计评估系统及其指标体系的研究[J]. 自然灾害学报，1993，2（1）：5-15.

[74] 康山. 分析地质灾害孕灾环境分区[J]. 中文科技期刊数据库（文摘版）工程技术，2017（12）：00019.

[75] 李曼，邹振华，史培军，等. 世界地震灾害风险评价[J]. 自然灾害学报，2015，24（5）：1-11.

[76] 刘高峰，李娜. 城市洪水灾害损失评估指标体系的构建[J]. 现代农业科技，2008（22）：267-269.

[77] 曹玮. 洪涝灾害的经济影响与防灾减灾能力评估研究[D]. 长沙：湖南大学，2013.

[78] 郑茂. 基于系统动力学地震灾害防灾减灾能力评价与仿真研究：以四川省为例[D]. 成都：西华大学，2021.

[79] 倪波. 我国自然灾害应急预案有效性研究[D]. 成都：西南交通大学，2012.

第6章 多灾种耦合效应

6.1 概　　述

耦合效应指代灾害与事故致灾因子之间的相互作用与影响，从而导致灾害事故后果与风险发生变化的现象。由于耦合效应的存在，多灾种耦合灾害与事故的发展过程存在不确定性与不可预测性，其后果也相较于独立灾害事故更严重。近年来，针对耦合效应的研究成为多灾种风险评估理论与方法研究的热点议题，各国政府管理部门已出台了相关法规，并支持开展相应的学术研究。然而，现有研究成果未能全面深入地揭示多灾种耦合效应的影响，仍不能完全支持多灾种耦合风险评估的精细化改进。

在有限的关于多灾种耦合效应的现有研究中，大部分研究关注事故灾难内部之间的多灾种耦合效应，对自然灾害内部的耦合效应也有所涉及。然而，自然灾害与事故灾难之间的外部耦合效应则鲜有研究关注。多灾种耦合效应研究存在着不成体系、缺乏整体性框架、缺乏系统性与连续性等问题，相应研究仍处于发展初期的不成熟阶段。此外，现有研究成果也存在不深入、不全面的问题，例如，关于事故灾难内部耦合效应的研究，相应研究并未深入至其机理与机制的分析。

本章将从火爆毒事故耦合效应、多灾种自然灾害耦合效应、自然灾害与事故灾难间的外部耦合效应出发，深入开展多灾种耦合效应研究，并明确耦合效应对多灾种耦合风险评估理论、模型与方法的影响。其中，围绕火爆毒事故耦合效应，本章介绍了火爆毒耦合事故的实验与数值模拟方法与结果，并基于结果分析了火爆毒事故物理效应间的耦合关系。本章围绕多灾种自然灾害耦合效应以及自然灾害与事故灾难间的外部耦合效应的介绍则基于广泛的文献调研与综述，以及典型灾害事故案例与启示分析，以完善多灾种耦合效应研究框架为目的，进行相应研究方向的初步探索。

本章 6.2 节构建多灾种耦合效应的研究框架，并对多灾种耦合效应的研究对象进行解释；6.3 节介绍火爆毒事故物理效应的实验与数值模拟研究，从理论、方法、结果、分析四个层面介绍事故灾难内部耦合效应的研究成果；6.4 节关注火爆毒事故危险性与人体脆弱性耦合效应、多灾种自然灾害内部耦合效应以及自然灾害与事故灾难间的外部耦合效应，介绍典型灾害事故案例、现有研究成果以及未来研究展望；6.5 节对本章内容进行总结。

6.2　多灾种耦合效应研究框架

耦合效应广泛存在于各类多灾种耦合的共发灾害与事故中，其核心在于多类灾害或事故同时、同地发生，且相互之间存在影响，造成事故后果与风险发生变化。近年来，多起典型的多灾种耦合共发事件引起了学者与政策制定者对灾害事故耦合效应的关注。例如，2010 年发生于甘肃舟曲的泥石流灾害，为一起干旱、滑坡、地震、特大暴雨多灾种耦合引发的严重自然灾害，造成了 1481 人遇难、1824 人受伤、284 人失踪；2015 年发生于天津港的火灾爆炸事故，也是一起由危险品自燃导致的火灾、爆炸、有毒物质泄漏多灾种耦合的严重事故灾难，造成了165 人遇难、8 人失踪、798 人受伤。

现有围绕多灾种耦合效应开展的研究大多关注自然灾害与事故灾难的内部耦合效应，而缺乏对自然灾害与事故灾难间的外部耦合效应的考虑。在现有研究成果中，自然灾害与事故灾难各自的耦合效应研究成果间仍较为割裂，导致相应理论、模型与方法无法应用于部分特殊灾害事故案例中。例如，2005 年发生于美国墨西哥湾的卡特琳娜飓风，其不仅由强风、风暴潮、洪水直接造成严重的灾害后果，还引发了严重的原油泄漏事故，并随飓风与洪水蔓延扩散。该案例明确了开展多灾种外部耦合效应研究的必要性，其与内部耦合效应研究成果相结合，可构建多灾种耦合效应研究框架，如图 6.1 所示。

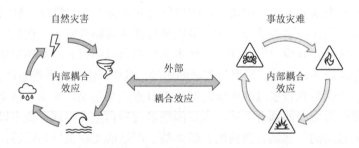

图 6.1　多灾种耦合效应研究框架

多灾种耦合效应研究对象主要可分为三种。

（1）自然灾害与事故灾难本身。灾害与事故物理效应、危险性、发生频率都可能受到多灾种耦合效应的影响。

（2）承灾载体。承灾载体的脆弱性、暴露性、疏散能力等也会受到多灾种耦合效应的影响。

（3）应急救援。多灾种耦合效应还会影响应急响应，破坏通信与电力系统等基础设施，从而限制灾害事故发生后的应急与救援行动。表 6.1 对多灾种耦合效应研究对象进行了详细解释。需要说明的是，本章建立的多灾种耦合效应研究框架旨在对后续研究起到启发性、指导性作用，但仍是初步且不全面的，仍需要针对研究对象、研究内容进行进一步补充与优化。

表 6.1　多灾种耦合效应研究对象

研究对象		多灾种耦合效应
灾害事故本身	物理效应	灾害与事故物理效应间的相互作用，如热辐射、爆炸冲击波超压等
	危险性	灾害与事故相互削弱了危险性限制因素的影响，放大了灾害事故的危险性
	发生频率	灾害与事故之间的相互作用导致触发新的灾害事故发生的可能性上升
承灾载体	脆弱性	多灾种耦合损伤导致人体死亡率上升
	暴露性	灾害与事故破坏避难场所，导致承灾载体在灾害与事故中的暴露性上升
	疏散能力	复杂、不确定的多灾种耦合场景导致疏散受限
应急救援	应急响应	应急响应在复杂多灾种耦合场景中延迟滞后
	应急基础设施	灾害与事故损坏应急基础设施，如通信、电力设施等

6.3　火爆毒事故物理效应的多灾种耦合效应

火爆毒事故对应的致灾因子分别为热辐射强度、冲击波超压以及毒气浓度。在火爆毒多灾种耦合事故中，由于事故同时、相邻地发生并相互作用，各类事故物理效应因相互影响而发生变化，该现象可被概括为火爆毒多灾种耦合事故的物理耦合效应。由于物理耦合效应的存在，多灾种耦合事故后果可能会发生显著变化，从而影响事故风险评估结果的准确性。对物理耦合效应的量化研究可作为火爆毒事故耦合特征研究的基础，从而实现提升多灾种耦合事故风险定量评估方法精度的研究目标。

在现有围绕火爆毒事故多灾种耦合效应开展的研究中，关注物理耦合效应的研究数量与深度都较为有限。爆炸事故作为最具破坏性的化工事故种类，围绕爆炸事故物理效应开展的耦合效应研究仍处于发展的起步阶段[1]。在多灾种耦合事故中，当爆炸冲击波在由火灾与毒气泄漏事故形成的温度、密度变化且分布不均匀的大气环境中传播时，其性质（波速、超压等）会因受影响而改变。对于这一现象的量化研究对提升多灾种耦合事故风险评估精度有显著的必要性，然而相关研究成果仍不够成熟、全面。

火灾与毒气泄漏事故物理效应间也存在潜在的多灾种耦合效应[2]。毒气泄漏对火灾热辐射可能产生的耦合效应机制包括：常温气体流动促进对流传热，改变火源温度，影响燃烧速率；气体扩散破坏蒸汽动态平衡，改变环境中的饱和水气压、大气密度、比热容等流体参数。火灾热辐射可能对毒气泄漏事故产生的耦合效应机制包括：火灾热辐射影响环境温度，影响对流过程，进而影响有毒气体扩散；火灾热辐射影响环境温度，改变泄漏源有效高度，从而影响有毒气体的浓度分布。

针对开展火爆毒事故物理耦合效应研究的必要性，以及现有相应研究成果仍较为初步的现状，本节开展关于火爆毒事故物理耦合效应的实验与数值模拟研究。

6.3.1　实验与模拟的理论基础与方法流程

开展实验与数值模拟旨在研究在密度、温度变化的大气中传播的爆炸冲击波的传播特性，以及不同毒气泄漏场景与火灾燃烧之间的相互影响关系。本节首先介绍爆炸物理耦合效应研究的理论基础、火灾与毒气泄漏事故间耦合效应机制分析，以及理论分析对实验与数值模拟开展的指导与启发；其次介绍实验开展所基于的火爆毒耦合实验平台，以及实验环境与实验条件；最后介绍数值模拟开展的平台、环境、设置与条件。

1. 火爆毒事故物理耦合效应的理论分析

1）火灾与毒气泄漏事故对爆炸冲击波超压的影响

爆炸冲击波的传播过程符合质量、动量、能量的守恒定律。通过三大守恒定律与绝热方程及声速公式的结合，可以导出冲击波传播过程中各物理量间的关系式[3]：

$$\Delta P = \frac{2}{k+1}\rho_0 D^2 \left(1 - \frac{c_0^2}{D^2}\right) \tag{6.1}$$

式中，ΔP 为爆炸冲击波的超压，Pa；D 为爆炸冲击波的波速，m/s；ρ_0 为环境大气的密度，kg/m³；c_0 为环境大气的声速，m/s；k 为绝热系数。

式（6.1）展示了可能对爆炸冲击波超压造成影响的因素，其中只有冲击波波速与大气温度、密度之间的关系不能得到量化。因此，量化爆炸冲击波波速随大气温度、密度变化的关系将是爆炸物理耦合效应量化研究需要解决的核心问题。对于该问题，部分学者的研究成果说明高温大气对爆炸冲击波波速有放大效应[4,5]、高密度大气对冲击波波速有削弱效果[6]。然而，相应研究局限于关系的定性分析，开展耦合效应对爆炸冲击波超压影响的定量研究仍有必要性。

2）毒气泄漏对火灾的耦合效应影响

化工事故中的火灾涉及多种类型，包括池火、喷射火、火球等，热辐射是各类火灾对设备造成损伤和对人员造成伤亡的主要形式[7]。这三类火灾的热辐射模型可以用统一的形式表示[8]：

$$I = \tau_a Q_r F_p \tag{6.2}$$

式中，I 为目标接收的热辐射强度；F_p 为几何视角系数，受火焰几何形状影响，与火源到目标的距离负相关；τ_a 为大气传输率，与相对湿度和当前环境水的饱和蒸气压呈负相关[9]；Q_r 为火焰的表面热辐射强度，与火焰燃烧速率有关。

如式（6.2）所示，热辐射强度与环境中水的饱和蒸气压、相对湿度负相关[8]，而水的饱和蒸气压与环境温度正相关[10]。综合上述研究，毒气泄漏会造成大气饱和蒸气压、密度、比热容等重要参数发生变化，从而影响火灾热辐射强度。

3）火灾对毒气泄漏事故的耦合效应影响

学者总结出了大量描述毒气泄漏过程的经验模型[11]，其中高斯模型应用最为广泛，按照毒气的泄漏形式可以分为高斯烟羽模型和高斯烟团模型。高斯烟羽模型假定泄漏源源强恒定，且扩散区域不随时间发生变化，适用于描述连续点源的持续性泄漏：

$$C(x,y,z) = \frac{Q}{2\pi \sigma_x \sigma_y} \exp\left(-\frac{1}{2}\frac{y^2}{\sigma_y^2}\right)\left\{\exp\left[-\frac{1}{2}\left(\frac{(z-H)^2}{\sigma_z^2}\right)\right] + \exp\left[-\frac{1}{2}\left(\frac{(z+H)^2}{\sigma_z^2}\right)\right]\right\} \tag{6.3}$$

高斯烟团模型适用于描述短时间内点源的迅速扩散（突发性瞬时泄漏等）：

$$C(x,y,z,t) = \frac{Q}{2\pi^{\frac{3}{2}} \sigma_x \sigma_y \sigma_z} \exp\left\{-\frac{1}{2}\left[\frac{(x-ut)^2}{\sigma_x^2} + \frac{y^2}{\sigma_y^2}\right]\right\}$$
$$\times \left\{\exp\left[-\frac{1}{2}\left(\frac{(z-H)^2}{\sigma_z^2}\right)\right] + \exp\left[-\frac{1}{2}\left(\frac{(z+H)^2}{\sigma_z^2}\right)\right]\right\} \tag{6.4}$$

式中，$C(x,y,z)$ 为 (x,y,z) 处的气体质量浓度，mg/m^3；$C(x,y,z,t)$ 为 t 时刻 (x,y,z) 处的气体质量浓度，mg/m^3；Q 为泄漏源强度，mg/s；u 为风速，m/s；σ_x、σ_y、σ_z 分别为下风、侧风、垂直方向的扩散因数，可由大气稳定度、距泄漏源的距离得到；H 为泄漏源有效高度，m。

火灾产生的高温环境对毒气扩散过程有着重要影响。环境温度的垂直分布会影响大气逆温层的厚度和强度，进而影响大气对有毒气体的扩散稀释能力；环境与有毒气体间的温差也会影响对流，改变局部湍流强度，影响有毒气体扩散；当泄漏气体温度高于环境时，会产生浮升力改变高斯模型中的有效高度，有效高度的增加会降低近地面气体的浓度[12]。

2. 火爆毒耦合实验设备平台与方法流程

1）实验平台

实验所基于的火爆毒耦合实验平台是针对多灾种耦合事故研究特制的激波管。实验平台由四个部分组成：起爆段、扩张段、实验段与消波段。冲击波由起爆段中的氢气/氧气混合气体爆炸形成。实验段顶部的热辐射板最高可达到 600K 高温，可在实验段内形成高温传播介质环境。对爆炸冲击波传播特性的监测也在实验段内完成，通过实验段中部的观察窗，可应用纹影摄影技术对爆炸冲击波阵面进行拍摄。两个压力传感器分别被设置在实验段的前端与后端，旨在监测爆炸冲击波超压在传播过程中的变化，压力传感器信号将由相应的信号采集与处理系统进行读取。在压力传感器附近设置了一个温度传感器，用于实时监测压力传感器附近的气体介质温度。气体可通过实验段中的孔洞输入，并在平台腔体中扩展，于消波段处由尾气处理装置回收并处理。实验装置的实际照片如图 6.2 所示，实验平台构造与测量仪器设置情况如图 6.3 所示。

图 6.2　实验装置的实际照片

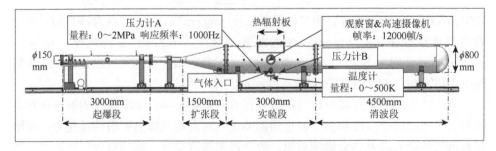

图 6.3　实验平台构造与测量仪器设置情况

2）实验方法与步骤

实验的主要目的为量化研究高温与高密度大气环境对爆炸冲击波传播特性的影响。实验的首要步骤是将热辐射板温度设定为特定值，通过加热空气从而在平台实验段中创造高温的传播介质环境。当实验段中达到热平衡时，将铝合金制膜片设置在起爆段与扩张段之间，以隔断两部分的气体介质。通过气泵连续抽气在起爆段中形成真空环境后，同时充入 40L 氢气与 20L 氧气以进行充分混合。通过火花塞放电点燃混合气体形成爆炸，冲破膜片并在扩张段形成爆炸冲击波，推动冲击波在实验段高温气体介质环境中传播。爆炸冲击波的波速与超压分别通过纹影摄影技术与压力传感器进行记录。本节在不同实验环境下共进行了四组实验，相应的实验条件如表 6.2 所示。

表 6.2 四组实验的实验条件

实验组别	混合气体	热辐射板温度	压力计位置温度
A 组	41L 氢气/20.2L 氧气	300K	295.65K
B 组	41.7L 氢气/20.6L 氧气	430K	313.55K
C 组	41.9L 氢气/20.3L 氧气	530K	334.35K
D 组	41.7L 氢气/20L 氧气	600K	354.85K

3. 数值模拟几何模型与方法流程

1）几何模型

数值模拟在 ANSYS Flunet 软件平台上进行。为了实现与实验结果的有效对照与验证，数值模拟基于的几何模型与实验平台相同。由于实验平台的几何对称性质，数值模拟应用了二维几何模型对实验平台进行简化模拟，如图 6.4 所示。高温、高压水蒸气被预设在起爆段中，用以模拟实验中混合气体爆炸产生的高压爆炸产物。高压水蒸气通过推动扩张段空气形成冲击波，并在扩张段、实验段中传播。实验段中部设置有高温区域，冲击波波速的测量点设置在高温区域的中心。冲击波超压测量点设置在几何模型的底部。同时，在实验段底部模拟点源气体扩散（氯气）。数值模拟的时间步长为 0.001ms，与实验中压力传感器的时间分辨率相同。

2）数值模拟分组与模拟条件

（1）爆炸事故物理耦合效应研究。数值模拟分为对照验证组与拓展组。开展对照验证组数值模拟的目的是与实验结果进行对照与交叉验证。对照验证组的模拟条件与实验条件相同：数值模拟中实验段设置有纵向、线性的温度梯度，

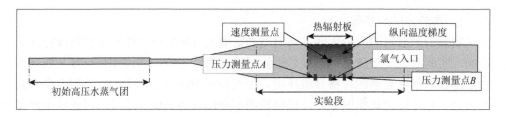

图 6.4　数值模拟的几何模型示意图

温度梯度的顶端与底端温度被分别设置为和实验条件相同的值；起爆段中水蒸气的压力被设置为能够产生和实验中相同超压冲击波的初始值；和实验相同，对照验证组数值模拟共开展了四组，各组实验段气体介质温度分别与四组实验相同。

　　然而，实验条件与对照验证组数值模拟条件与实际火爆毒事故环境间仍存在差距。第一是实验段中的气体介质温度上升幅度受限，在实际火爆毒事故中，火灾形成的高温环境能达到更高的温度。以森林火灾为例，火场能达到的最高大气温度达 1100K，远高于实验与对照验证组数值模拟中设置的高温传播介质温度[13]；第二，实际火爆毒事故场景中由燃烧与泄漏释放的重气（密度大于空气的气体）会在事故环境中沉积，从而提升大气密度，这类事故环境无法在实验与对照验证组数值模拟中进行模拟。第三，实验与对照验证组数值模拟的冲击波初始压力不可调，然而实际事故中爆炸的初始能量难以预测。以上差距使实验与对照验证组数值模拟结果无法完全支撑爆炸物理耦合效应的量化研究。

　　为了解决以上问题并实现爆炸物理耦合效应的量化研究，本章开展了拓展组数值模拟。拓展组数值模拟相较于对照验证组进行了以下改进：拓展组数值模拟为起爆段中的高压水蒸气设置了三个不同的初始压力；实验段中高温环境的温度取值范围拓展为 300～1300K；拓展组为研究事故环境中大气密度的极端变化对冲击波传播特性的独立影响单独执行了一组数值模拟。表 6.3 展示了数值模拟对照验证组与拓展组的模拟条件。

表 6.3　数值模拟对照验证组与拓展组的模拟条件

模拟组别	初始压力	实验段中环境
对照验证组 A	5.4MPa	300.00K 恒温
对照验证组 B	5.4MPa	线性纵向温度梯度，430～313.55K
对照验证组 C	5.4MPa	线性纵向温度梯度，530～334.35K
对照验证组 D	5.4MPa	线性纵向温度梯度，600～354.85K
拓展组 A	8MPa	均匀介质温度：300K，500K，700K，900K，1100K，1300K

续表

模拟组别	初始压力	实验段中环境
拓展组 B	15MPa	均匀介质温度：300K，500K，700K，900K，1100K，1300K
拓展组 C	30MPa	均匀介质温度：300K，500K，700K，900K，1100K，1300K
拓展组 D	15MPa	均匀介质密度：28.966kg/m³，50kg/m³，70.9kg/m³，123.11kg/m³，200.11kg/m³

（2）火灾与毒气泄漏事故物理耦合效应研究。为了探究火灾与毒气泄漏事故间的物理耦合效应，需要模拟不同强度的火灾事故与不同泄漏速率的毒气泄漏事故间的相互影响情形，在起爆段模拟燃烧，在实验段底部模拟点源气体扩散，本次 CFD 数值模拟实验采用燃料（甲烷）和有毒气体（氯气）进行模拟，两种物质间的取代反应需要光照作为反应条件，而实验装置为密闭不透光空间，因此可以忽略化学层面的耦合作用，针对性地讨论物理层面上火灾与有毒气体泄漏事故物理效应间的耦合作用影响结果。

按照 0.67∶0.23∶0.1 的质量分数比例在驱动段内充入 1.2 个大气压的甲烷、氧气、氮气混合气体，通过起爆段点火开始燃烧。其余空间则充入氧气质量分数为 0.23 的空气。气体入口位于距离起爆段左端端点 7m 处实验装置模型的底端，直径为 4cm，以恒定速率通入氯气。

考虑到甲烷在空气中的燃点约为 600℃[14]，以及实验装置的系统参数限制有毒气体泄漏最大扩散速率为 10m/s，为了更好地与实际实验情况进行匹配，研究通过控制变量设置了 7 种工况（表 6.4）进行模拟和分析，其中工况 1、2 分别代表单独燃烧和单独气体扩散情况，同时设置了 24 个监测点位置对各物理量进行监测和采样（表 6.5）。

表 6.4　实验工况参数设置

工况	点火温度/K	气体入口速度/(m/s)
1	1200	0
2	300	2.5
3	1200	1.0
4	1200	2.5
5	1200	5.0
6	1000	2.5
7	1100	2.5

表 6.5　监测点参数设置

编号	1	2	3	4	5	6	7	8	9	10	11	12
位置/m	0.25	1.25	2.25	3.25	4.25	5.25	6.25	6.5	6.75	6.85	6.92	6.95
编号	13	14	15	16	17	18	19	20	21	22	23	24
位置/m	6.98	7	7.02	7.08	7.15	7.25	7.75	8.25	9.25	10.25	11.25	12.25

比较工况 1、3、4、5 的模拟结果，可以分析气体扩散速率对火焰燃烧的影响；比较工况 2、4、6、7，可以分析火焰燃烧剧烈程度对气体扩散的影响。部分现有研究和事故监测数据也证实了模拟所设置工况参数的合理性[15]，可以预期模拟结果对于实际应用具有指导意义。

6.3.2　实验与数值模拟结果

1. 爆炸事故物理耦合效应研究

本节展示了实验与对照验证组、拓展组的数值模拟结果，通过数据对比对实验与数值模拟结果的有效性进行交叉验证。实验与数值模拟结果将作为爆炸物理耦合效应量化研究的基础。

1）实验结果

通过纹影仪与高速摄像机的配合，纹影摄影记录下了在不同气体介质温度环境中传播的冲击波阵面形态，如图 6.5 所示。冲击波阵面图像不仅记录了波阵面的形态，还能够反映冲击波传播的部分特性。由于高速摄像机记录两张图像之间的时间间隔相同，通过冲击波阵面前后两张图像之间的时间与几何关系，可以计算得到不同气体介质温度环境中传播的冲击波波速。四组实验中，爆炸冲击波的波速分别为 432.10m/s、455.53m/s、473.90m/s、484.17m/s。

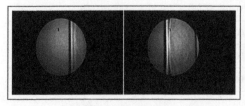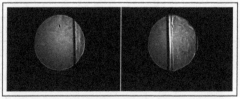

(a) A组冲击波阵面图像　　　　　　　　　　　(b) B组冲击波阵面图像

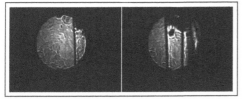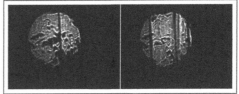

(c) C组冲击波阵面图像　　　　　　　　　　(d) D组冲击波阵面图像

图 6.5　爆炸冲击波在不同气体介质温度环境中传播的波阵面图像

图 6.6 展示了由压力传感器 A 记录的不同气体介质温度下的冲击波超压波形图。冲击波峰值超压是爆炸事故后果与损伤分析中的重要物理量，实验中爆炸冲击波的峰值超压可从图 6.6 中读出。在四组实验中，随着气体介质温度上升，压力传感器 A 记录的爆炸冲击波峰值超压分别为 0.1204MPa、0.1161MPa、0.1157MPa、0.1068MPa。

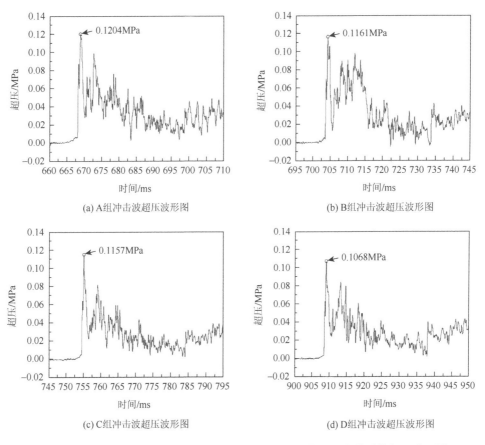

(a) A组冲击波超压波形图　　　　　　　　　(b) B组冲击波超压波形图

(c) C组冲击波超压波形图　　　　　　　　　(d) D组冲击波超压波形图

图 6.6　压力传感器 A 记录的冲击波在不同气体介质温度环境中传播的超压波形图

2）数值模拟结果

对照验证组数值模拟在与四组实验的实验条件相同的模拟条件下进行。不同气体介质温度下的冲击波波速如图 6.7 所示，压力测量点 A 与测量点 B 记录的不同温度下的冲击波超压如图 6.8 所示。由于实验结果数据处理仅关注波速与超压的峰值，数值模拟的时间跨度相较于实验有所缩减，略去了冲击波阵面传播过后的流场振荡过程。在四组对照验证组数值模拟实验中，随着气体介质温度上升，冲击波波速分别为 442.449m/s、454.206m/s、467.406m/s、479.982m/s，测量点 A 测量的冲击波峰值超压分别为 0.1199MPa、0.1177MPa、0.1153MPa、0.1127MPa。

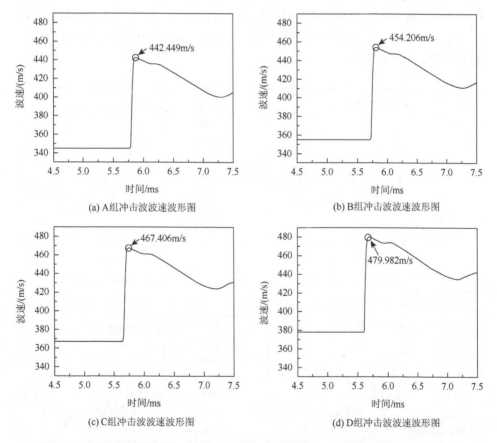

(a) A组冲击波波速波形图   (b) B组冲击波波速波形图

(c) C组冲击波波速波形图   (d) D组冲击波波速波形图

图 6.7　对照验证组数值模拟中冲击波在不同气体介质温度环境中传播的波速波形图

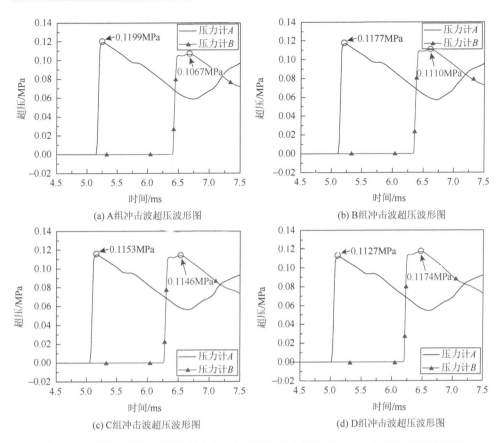

图 6.8　对照验证组数值模拟中冲击波在不同气体介质温度环境中传播的超压波形图

　　图 6.9（a）展示了数值模拟拓展组中不同初始压力的冲击波在不同气体介质温度环境中传播的波速，由图可见，冲击波波速随气体介质温度上升而上升。图 6.9（b）展示了不同初始压力的冲击波在不同气体介质温度环境中传播的峰值超压，由图可见，冲击波峰值超压随气体介质温度上升而下降。冲击波峰值超压随温度上升而下降的幅度最高可达 50%，说明多米诺事故风险定量评估不能忽略爆炸物理耦合效应的影响。

　　图 6.10（a）与图 6.10（b）分别展示了数值模拟拓展组 D 组的结果，即冲击波在不同气体介质密度环境中传播的波速与峰值超压。由图可知，随着气体介质密度上升，冲击波波速下降，同时冲击波峰值超压出现了小幅度上升。气体介质密度的显著上升只造成了冲击波峰值超压最大 5%的变化幅度，说明气体介质密度对爆炸物理效应的直接影响是可以忽略的。造成这一现象的原因可以从式（6.1）中推断：高密度气体介质对冲击波波速的削弱效应与其对冲击波超压的直接放大效应相抵消。

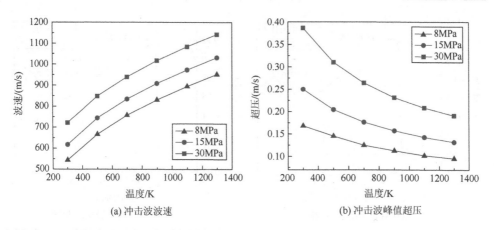

(a) 冲击波波速　　　　　　　　　　　(b) 冲击波峰值超压

图 6.9　拓展组数值模拟中不同初始压力的冲击波在不同气体介质温度环境中传播的波速与峰值超压

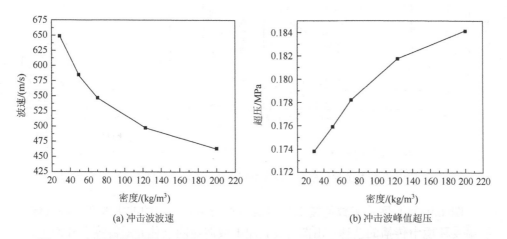

(a) 冲击波波速　　　　　　　　　　　(b) 冲击波峰值超压

图 6.10　拓展组数值模拟中冲击波在不同气体介质密度环境中传播的波速与峰值超压

2. 火灾与毒气泄漏事故物理耦合效应研究

1）气体扩散对火焰燃烧影响的数值模拟结果

根据模拟中火焰燃烧的发展特征（以工况 1 为例说明），可以将整个燃烧过程分为点火阶段、爆燃阶段、趋稳阶段。反应刚开始时，由于燃料与助燃剂充分混合，燃烧反应在起爆段内各处发生，反应速率较慢，如图 6.11（a）所示，因此该阶段可以称为点火阶段，持续时间大约从 0s 到 0.05s；随后，在压强的作用下，高温燃料被挤压进入扩张段，在这个过程中，未充分反应的高温燃料与扩张段内相较于起爆段内浓度更高的助燃剂接触，使反应剧烈发生，同时扩张段与起爆段间的装置"前段"由于同时受到来自两侧的压力，内部高温燃料浓度升高，以非常

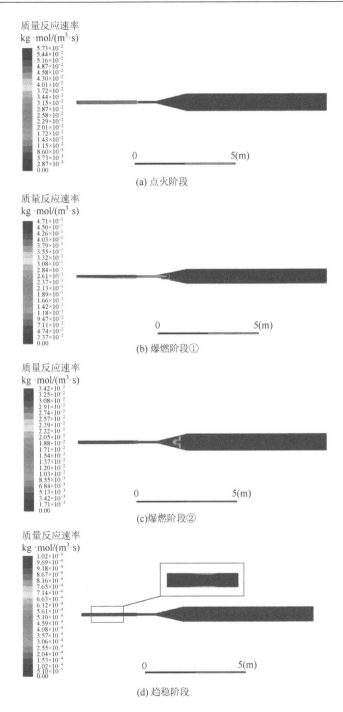

(a) 点火阶段

(b) 爆燃阶段①

(c) 爆燃阶段②

(d) 趋稳阶段

图 6.11 火焰燃烧各阶段反应速率云图（见彩图）

快的反应速率消耗掉了前段内的氧气，这个过程可以称为爆燃阶段①，如图6.11(b)所示；在前段内的氧气消耗殆尽后，高温燃料与起爆段末端和扩张段前端的反应仍在进行，气态的反应产物阻止了模型内的助燃剂与前段内高浓度的高温燃料的进一步混合，在一定程度上抑制了反应的进行，但此时反应速率仍然较快，反应发生的位置集中在起爆段的末端和扩张段的前端，这个过程可以称为爆燃阶段②，如图6.11(c)所示，整个爆燃阶段持续时间大约从0.05s到0.5s；随着反应的进行，前段内的高温燃料不断进入扩张段内反应并逐渐被消耗殆尽，起爆段内由于气态燃烧产物阻塞了剩余的高温燃料与助燃剂充分混合而仍然在进行非常缓慢的反应，但此时燃烧现象已经几乎不可见，装置模型内的温度逐渐趋于稳定，这个阶段可以称为趋稳阶段，如图6.11(d)所示。

　　结合燃烧的发展特征，将装置按照坐标分为初燃段、爆燃段和辐射段三部分，各自的温度-时间曲线分别如图6.12所示。

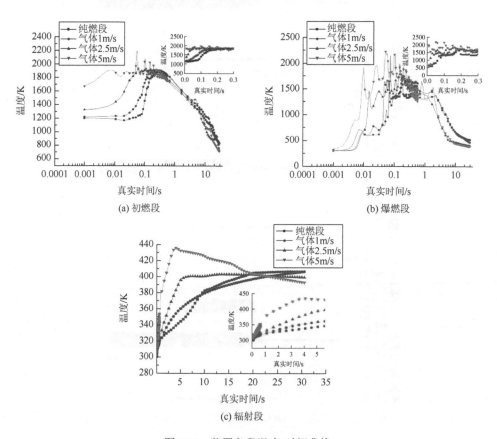

图6.12　装置各段温度-时间曲线

2）火焰燃烧对气体扩散影响的数值模拟结果

相较于燃烧反应导致实验装置模型温度随时间变化曲线呈现明显的时变性，气体扩散由于浓度的连续性［由式（6.3）、式（6.4）可知］，更关注同一时刻不同工况下有毒气体浓度分布情况，通过氯气的浓度-位置曲线体现浓度梯度分布，进而反映燃烧对气体扩散的影响。工况 4、6、7 曲线特征相近，取算术平均值绘制"耦合燃烧情形"曲线进行分析。图 6.13 反映了 t 为 5s、10s、20s 时装置内氯气摩尔浓度分布情况。

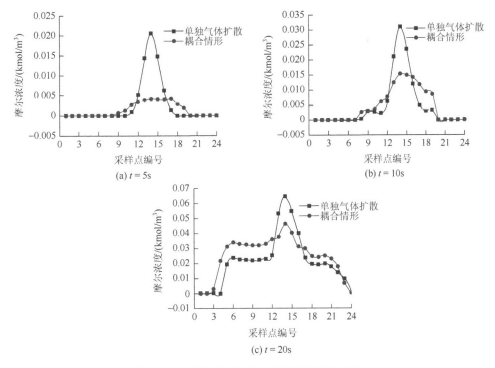

图 6.13　不同时刻装置内氯气摩尔浓度分布

图 6.14 利用云图直观呈现了 t 为 30s 时工况 2 与 5 装置内氯气浓度的分布情况对比。

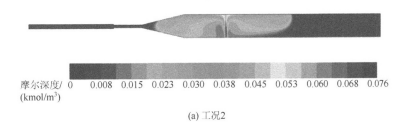

(a) 工况2

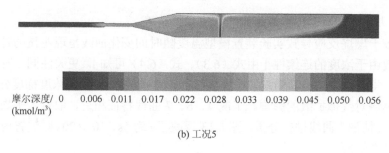

摩尔深度/　0　0.006　0.011　0.017　0.022　0.028　0.033　0.039　0.045　0.050　0.056
(kmol/m³)

(b) 工况5

图 6.14　$t = 30s$ 时不同工况下装置内氯气摩尔浓度分布云图（见彩图）

6.3.3　火爆毒物理耦合效应分析

1. 爆炸事故物理耦合效应

1）实验与数值模拟结果分析

图 6.15（a）与图 6.15（b）分别展示并对比了实验与数值模拟对照验证组的冲击波波速与峰值超压。如图 6.15（a）所示，在不同气体介质温度环境中，实验与数值模拟中的冲击波波速基本相同，均随温度上升而上升。图 6.15（b）展示了实验与数值模拟中的冲击波在测量点 A 处的峰值超压对比。对比说明，虽然部分结果间存在差距，但冲击波峰值超压随温度变化的趋势是相同的，即气体介质温度越高，冲击波峰值超压越低。结果间存在的差距可归因于由实验平台与测量条件限制引入的系统误差。图 6.9（a）与图 6.9（b）所示的数值模拟拓展组结果也可以验证冲击波波速与超压与气体介质温度变化之间的关系。图 6.10（a）与图 6.10（b）所示的数值模拟结果也对冲击波波速和超压与气体介质密度变化之间的关系进行了定性分析。

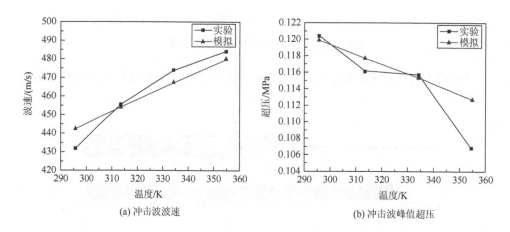

(a) 冲击波波速　　　　　　　　　　(b) 冲击波峰值超压

图 6.15　实验与对照验证组数值模拟中的冲击波波速与峰值超压对比

2）函数拟合

如本节理论分析所述，开展爆炸物理耦合效应量化研究要解决的核心问题是量化爆炸冲击波波速与气体介质温度、密度之间的关系。数值模拟拓展组的模拟条件与实际多米诺事故场景相近，其结果适用于爆炸物理耦合效应的量化研究。如图 6.9（a）所示，拓展组数值模拟中的爆炸冲击波波速随气体介质温度的变化趋势受其初始压力的影响不明显，这为利用统一的幂函数拟合冲击波波速变化量 ΔD 与大气温度变化量 ΔT 之间的关系提供了可能性。基于图 6.10（a）所示的数值模拟结果，相似的函数拟合也可应用于量化冲击波波速变化量 ΔD 与大气密度变化量 $\Delta\rho$ 之间的关系。拟合函数结果如下：

$$\Delta D = 2.7361\Delta T^{0.7278} \tag{6.5}$$
$$\Delta D = -15.4675\Delta\rho^{0.4689} \tag{6.6}$$

基于两个拟合函数，可开展爆炸物理耦合效应的量化研究。通过拟合函数的计算，可量化气体介质的物理性质对爆炸冲击波传播特性的影响。例如，通过利用式（6.1）实现冲击波超压与波速之间的转换，以及利用式（6.5）计算高温下的冲击波波速，可实现通过爆炸冲击波在室温下的峰值超压计算高温环境中相同冲击波的峰值超压。利用拟合函数量化爆炸物理耦合效应的可靠性可由数值模拟结果与拟合函数计算结果之间的对比进行验证。图 6.16 展示了这一对比的结果。数值模拟与拟合函数计算所基于的室温中冲击波峰值超压相同，而通过拟合函数计算预测的高温下冲击波峰值超压与数值模拟结果之间最大的误差仅为-5.9%。

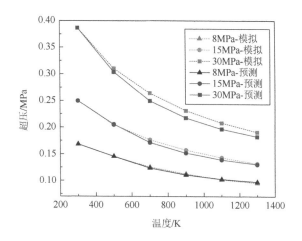

图 6.16　数值模拟结果与拟合函数预测结果之间的对比

上述两个函数均基于对数值模拟结果的良好拟合。式（6.5）的决定系数（R^2）大于 0.999，式（6.6）的决定系数大于 0.97。然而，对两个函数的误差以及应用范围仍需要进行讨论。式（6.6）拟合所基于的数据量较小，且决定系数也相对较小，这使式（6.6）在爆炸物理耦合效应定性分析中的价值相较于定量分析价值更显著。式（6.5）的可应用范围为室温下峰值超压为 0.1～0.4MPa 的爆炸冲击波。这一限制对其实际价值的影响不大，因为峰值超压处于这一范围内的冲击波对风险评估结果影响的敏感性更高。峰值超压低于 0.1MPa 的爆炸冲击波基本不会造成人员死亡，而峰值超压高于 0.4MPa 的爆炸冲击波致人死亡的概率则接近 100%，两者超压的小幅变化均不会对多米诺事故风险定量评估结果产生显著影响。

2. 火灾与毒气泄漏事故物理耦合效应

1）气体扩散对燃烧影响效果分析

图 6.11（a）～图 6.11（d）反映了模拟中火焰随时间变化的燃烧特征，图 6.12（a）～图 6.12（c）以此为基础，将模拟中的装置内的温度-时间曲线划分为初燃段、爆燃段以及辐射段。初燃段是燃烧反应最开始发生的位置，由于点火温度都是 1200K，并且助燃剂有限，四种工况都在很短时间内上升到几乎相同的温度并趋于饱和，通过对比发现，随着气体入口的扩散速率增加，温度上升到饱和的速率明显变快，这可能是由于起爆段内燃料初期反应不充分，有大量高温燃料未能结合助燃剂发生燃烧反应，而随着通入气体速率的增加，实验装置模型内狭小的空间气体湍流强度增加，促使助燃剂与高温燃料气体混合更充分，进而温度上升更快。

爆燃段中各工况温度曲线波动都很剧烈，这是因为驱动段内初始压强高于其余各部分压强，将高温燃料经由前段向扩张段挤压，但由于前段径口较小，高温燃料通过速率较慢，同时在扩张段内由于径口变大，高温燃料与大量助燃剂接触，加剧燃烧反应，而燃烧反应本身会产生气态燃烧产物，增大扩张段附近的气体压强，将高温燃料挤回起爆段，使起爆段内压强上升，随着压回过程的发生，扩张段内与助燃剂接触的燃料的物质的量又会下降，使反应变缓，又在起爆段和扩张段产生了压力差，高温燃料又被挤压进入扩张段……如此往复，使高温燃料在前段及其左右分别与起爆段和扩张段的交界附近范围内呈现快速"振荡"的现象。同时，氯气的通入也会加剧前段附近压强的波动，可以明显看到，随着气体通入速率的增加，温度曲线的波动愈发剧烈，表明"振荡"过程更加剧烈。

实验装置的几何特征决定了高温燃料不会通过扩张段直接进入装置的中后段，因此辐射段几乎不会受到热对流的影响，主要通过吸收燃烧产生的热辐射通量升温，随着气体通入速率的增加，工况的温度曲线上升速率明显加快，说明气体扩散增加了燃烧产生的热辐射通量。结合 6.3.1 节中的分析，气体的扩散增强了对流换热、外压以及湍流强度，加剧了燃烧反应，也增强了热辐射通量的强度。

此外，随着模拟时间的推进，工况 1、3 对应的温度曲线依旧在逐渐上升，而工况 4 温度曲线逐渐平稳，工况 5 对应的温度曲线甚至发生了温度下降，这是因为通入的气体是常温（300K）气体，温差的存在引发了气体的对流换热，因此通入气体速率越大的工况温度曲线下降会越快。

综合上述分析可见，气体扩散速率的增大会促使燃烧反应更加剧烈，同时也会增强燃烧产生的热辐射通量强度，即物理效应间的耦合作用会使火灾事故后果严重程度被放大。

2）燃烧对气体扩散的影响效果分析

甲烷燃烧本质上是一种剧烈的化学反应，因此根据阿伦尼乌斯（Arrhenius）公式 [式（6.7）]，初始温度越高，发生化学反应的速率越快，对应的燃烧反应更加剧烈，即可采用工况 2、4、6、7 探究火焰燃烧对于气体扩散的影响：

$$k = A\mathrm{e}^{-\frac{E_a}{RT}} \tag{6.7}$$

式中，k 为化学反应速率常数；T 为环境温度；A、E_a、R 分别为由材料属性决定的常数。

从图 6.13 可以看出，在气体扩散过程中的任一时刻，单独气体扩散情况下氯气集中在气体入口中垂线附近，扩散趋势较弱，与燃烧耦合的情况下，中心氯气浓度下降，但扩散速度更快，范围更广，图 6.14（a）与图 6.14（b）直观地证明了这一结论，且随着时间推进，这一趋势对比变得更加明显，结合 6.3.1 节中的分析，是由于燃烧通过热辐射改变了装置内的温度，加强了局部湍流强度，进而促进了气体扩散。

此外，由于气体扩散的入口位于装置实验段底端，氯气的浓度分布并不沿着装置中线对称，结合图 6.14（a）和图 6.14（b）可见，相较于单独气体扩散情形，与燃烧耦合的气体扩散情形中，氯气从模型顶端向底端扩散的趋势更强，结合 6.3.1 节的分析可以得到相应的推论：当泄漏气体温度高于环境温度时，会受到抬升力，使靠近地面的浓度下降，那么当泄漏气体温度低于环境温度时，可能反过来会受到下沉力，使靠近地面的浓度上升。

在实际事故场景中，毒气泄漏中心区域气体浓度往往远高于人体可接受值，因此主要通过扩散范围评估风险，此外，与火灾事故间的耦合作用也会导致靠近地面范围的气体浓度上升，使其更容易被人体吸入，可见耦合作用会导致有毒气体泄漏事故后果严重程度被放大。

综合上述分析可见，随着燃烧反应更加剧烈，热辐射通量、环境温度升高，会促进气体向周围扩散，同时增加靠近地面的气体浓度。通过上述分析可以得到结论，燃烧和气体扩散间物理效应耦合作用会导致事故后果的严重程度被放大。

6.4　其他多灾种耦合效应

6.4.1　火爆毒事故危险性与人体脆弱性耦合效应

2015 年发生在我国天津港瑞海公司的火灾爆炸事故中，在初始自燃事故引发第一次相对小规模的爆炸后，由于现场的热效应持续累积，导致了第二次更大规模的爆炸以及后续不可控的火灾与有毒物质泄漏事故。此次事故中的伤亡人员均受到了火灾烧伤、爆炸冲击与毒气吸入的复合损伤，对医护人员开展相应救治造成了困难[16]。

该事故案例说明了火爆毒事故灾难之间的相互作用、相互影响关系。火爆毒事故的同时发生会导致事故间互相放大规模，导致各类事故的危险性上升。同时，人体作为承灾载体，在受到多米诺事故中火爆毒事故复合损伤时，人体脆弱性与伤亡概率均会上升[17]。这两类现象可分别概括为火爆毒事故危险性耦合效应与人体脆弱性耦合效应。分析并量化这两类耦合效应是多灾种火爆毒事故耦合特征量化的重要研究内容，可为实现提升多灾种耦合风险评估方法准确性的研究目标提供理论与方法基础。

现有研究很少涉及火爆毒事故危险性与人体脆弱性耦合效应。然而，在自然灾害机理研究中，学者围绕类似议题开展了广泛研究，可启发并指导两类耦合效应量化研究的开展。2004 年，联合国开发计划署为了量化研究多灾种耦合效应，提出了灾害风险指标辅助决策工具[18]。2005 年，世界银行与哥伦比亚大学发起了研究自然灾害多灾种耦合效应的合作项目，旨在以国家与地区尺度定量分析自然灾害耦合风险[19]。这类研究为火爆毒事故危险性与人体脆弱性两类耦合效应量化研究提供了思路，即通过事故风险评估对比量化耦合效应的影响。

由于事故危险性与人体脆弱性两类耦合效应的存在，火爆毒事故耦合风险是各类事故风险的非线性加和。为了明确火爆毒事故之间的相互作用，并明确多灾种耦合事故风险非线性加和的机理，本节建立了两类耦合效应的研究框架，并分别分析了两类耦合效应在实际火爆毒事故中的影响。

1. 事故危险性耦合效应分析

事故危险性耦合效应以放大效应的形式存在于火爆毒事故之间。当不同类事故同时发生时，事故间会相互削弱其危险性限制因素的影响。以火爆毒耦合事故场景为例，火灾的危险性往往会因受到各类因素的限制而无法得到最大化展现，如燃烧空间以及氧气浓度对火灾蔓延的影响，以及主动/被动安全设施对火灾规模的限制。这使火灾的危险性往往不能达到其最大火灾载荷，即火灾完全燃烧能够释放的热辐射总量[20]。如图 6.17 所示，独立火灾可能释放的热辐射总量可用类高斯曲线进行说明。曲线的峰值反映了独立火灾的平均危险性，即一次独立火灾最有可能释放的热辐射总量。

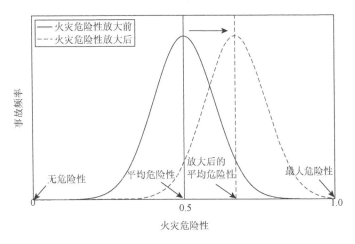

图 6.17　爆炸与毒气泄漏事故对火灾危险性的放大效应

　　然而，爆炸事故与火灾事故的同时发生会导致火灾的危险性显著上升。爆炸可以快速引燃未燃烧的可燃物，并大幅度提升火灾的传播速度。同时，爆炸冲击可能使针对火灾的主、被动安全设施失效，从而无法限制火灾危险性的发展。同时发生的毒气泄漏事故也能对火灾危险性产生同样的影响。泄漏事故形成的有毒环境会迟滞事故应急响应队伍的进场，从而推动火灾危险性的发展。如图 6.17 的虚线所示，火爆毒事故的同时发生会使火灾危险性放大。

　　图 6.18 展示了火爆毒事故危险性耦合效应的示意图。当火爆毒事故同时、同地发生时，事故间的耦合效应会使各事故的危险性放大。a_1 是火灾对爆炸危险性的放大百分比，a_2 是火灾对毒气泄漏事故危险性的放大百分比。相应地，b_2 与 b_1 分别是爆炸对火灾危险性与毒气泄漏事故危险性的放大百分比，c_1 与 c_2 分别是毒气泄漏事故对火灾与爆炸事故危险性的放大百分比。

图 6.18　多米诺事故危险性耦合效应示意图

通过以下关系式可对火爆毒事故危险性耦合效应进行量化说明。其中，Q 是火灾释放的总热辐射通量，P 是爆炸冲击波超压，C 是毒气浓度。在考虑事故危险性耦合效应后，火爆毒事故的物理效应分别放大为 Q'、P' 与 C'。

$$Q' = \frac{Q}{2}(1+c_1)(1+b_2) \tag{6.8}$$

$$P' = \frac{P}{2}(1+a_1)(1+c_2) \tag{6.9}$$

$$C' = \frac{C}{2}(1+b_1)(1+a_2) \tag{6.10}$$

2. 人体脆弱性耦合效应分析

人体作为火爆毒事故分析中最受重视的承灾载体，其脆弱性在火爆毒耦合事故中也存在放大效应。人体在承受爆炸事故与毒气泄漏事故损伤后，其内脏器官会因爆炸冲击波超压而受到损伤，其重要生命系统也会因吸入有害毒气而受到生理损伤。此时人体对火灾热辐射的抵御能力快速下降，人体在火灾事故中的脆弱性与死亡概率会显著上升。同时，爆炸与毒气泄漏事故的发生会提升人体在火灾事故中逃离的难度从而增加人体在热辐射环境中的暴露时间，进而造成人体在火灾事故中的死亡率上升。

图 6.19 展示了多米诺事故人体脆弱性耦合效应的示意图。m_2 与 n_1 分别是爆炸与毒气泄漏事故造成人体在火灾中的死亡率上升百分比；l_1 与 n_2 分别是火灾与毒气泄漏事故造成人体在爆炸事故中的死亡率上升百分比；l_2 与 m_1 分别是火灾与爆炸事故造成人体在毒气泄漏事故中的死亡率上升百分比。人体脆弱性耦合效应也可以通过以下关系式进行量化说明。其中，Y_1、Y_2 与 Y_3 分别是人体在火爆毒事故中的死亡率，相应地，Y_1'、Y_2' 与 Y_3' 是在考虑人体脆弱性耦合效应后的人体死亡率。

$$Y_1' = Y_1(1+m_2)(1+n_1) \tag{6.11}$$

$$Y_2' = Y_2(1+l_1)(1+n_2) \tag{6.12}$$

$$Y_3' = Y_3(1+l_2)(1+m_1) \tag{6.13}$$

火爆毒耦合事故中的人体死亡率会因受到事故危险性与人体脆弱性两类耦合效应的综合影响而放大，这一影响可由以下关系式进行量化：式中，K 为火爆毒耦合事故中的综合人体死亡率；D_F、D_E 与 D_P 分别为通过考虑事故危险性耦合效应后的火爆毒事故物理效应 Q'、P' 与 C' 计算得到的人体死亡率。

$$K = 1 - [1 - D_F(1+m_2)(1+n_1)] \times [1 - D_E(1+l_1)(1+n_2)] \times [1 - D_P(1+l_2)(1+m_1)]$$
$$\tag{6.14}$$

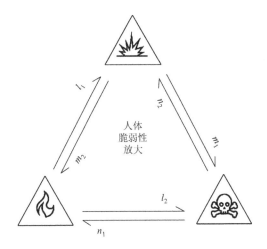

图 6.19　多米诺事故人体脆弱性耦合效应的示意图

6.4.2　自然灾害间的多灾种耦合效应

自然灾害往往波及范围广、危害强度大、持续时间长，即使面对单一的自然灾害事故，也需要调动大量人力、物力来救灾减灾。随着世界范围内极端天气的发生频率与强度不断增加，多个自然灾害共同发生的概率也不断提升，自然灾害间相互影响的耦合效应正在逐渐变得不可忽略。2017 年，中共中央、国务院出台了相关意见来推进防灾减灾救灾体制机制改革，提出要"从应对单一灾种向综合减灾转变"[21]，自然灾害间的多灾种耦合效应研究正在逐渐成为研究的重点。

1. 自然灾害多灾种耦合效应定义与特征

不同于第 5 章中对于自然灾害间链式触发关系的讨论，自然灾害间的多灾种耦合效应尚无公认的统一定义，不同学者分别对这一现象的特征进行了归纳和总结，提出了相应的术语。Tarvainen 等[22]提出耦合效应为 "coincidence of hazards in space and time"之间的"synergic effects"，Hewitt 和 Burton[23]用"compound hazards"来形容多个自然灾害共同发生的现象，Kappes 等[24]将自然灾害间的相互作用关系区分为链式关系与多灾害共同作用两类。国内学者则通常用"并行灾害"与"灾害遭遇"等术语进行描述。史培军等[25]将其翻译为"灾害遭遇"，并提出"同时或顺序发生两个或多个（极端）灾难事件，即使单个事件本身不是极端事件，事件也会因遭遇的影响而扩大"；李钢等[21]总结并行灾害和灾害遭遇是指"一种灾害导致另一种灾害状态改变"的现象，并与灾害链的定义进行了区分；汪嘉俊和翁文国[26]将其总结为"成因并无关联的灾害同时发生时，由于相互作用造成超出各自单独作用时的严重后果"。总的来说,自然灾害间的耦合效应主要是指多灾种耦合自然灾害之间,通过物理效应、环境因素等对灾害主体或承灾载体产生影响,进而改变灾害造成后果的严重程度,影响风险评估结果。

2. 自然灾害多灾种耦合效应典型案例

2010年舟曲"8·7"特大泥石流灾害中遇难1557人,失踪208人,泥石流长约5km,平均宽度为300m,平均厚度为5m,总体积为750万立方米,流经区域被夷为平地。这次灾害受到"5·12"汶川地震的影响,舟曲是2008年"5·12"汶川地震的重灾区之一,地震导致山体松动,在同年干旱灾害的影响下岩体、土体收缩,裂缝暴露,又恰逢8月7日的突发特大暴雨,雨水进入山体缝隙,最终导致岩体崩塌、滑坡,形成了严重的地质灾害,造成了远比各灾害单独发生更严重的后果。

另外一个典型灾害案例是1991年6月15日,菲律宾皮纳图博(Pinatubo)火山喷发,其释放出的烟雾和灰烬形成了30余千米高的云团。在火山喷发的过程中,台风"云雅"经过,火山喷发产生的巨量上升气流扰乱了台风的环流结构,导致台风爆发出巨大的对流块,同时增加了台风的降水。在台风核心影响区域,暴雨导致了泥石流灾害,而在台风外围影响区域,火山灰在台风雨水作用下加速沉降,压垮了很多房屋。火山喷发与台风间的耦合效应促使台风提前释放了巨大的能量,也分别加剧了两种灾害分别造成的灾难后果。此外,2006年菲律宾马荣火山爆发中,火山喷发与台风"榴莲"的耦合效应导致上千人死亡。2005年卡特里娜飓风灾害中飓风与洪水相互耦合,风暴潮导致防洪堤决堤,强风严重阻碍了救援工作,最终造成超过2000亿美元的经济损失,导致至少1833人丧生等。常见的自然灾害耦合组合还有地震与雨涝(洪水、暴雨、海啸等)耦合灾害、暴雨与台风耦合灾害、地震与台风耦合灾害、地震与雪灾耦合灾害等。

3. 自然灾害多灾种耦合效应研究

针对自然灾害之间的多灾种耦合效应的研究通常从以下三个方向开展:从自然灾害的物理模型出发,结合现象与实际灾害数据探讨各类自然灾害间在机制层面上的相互影响;从致灾因子危险性角度出发,结合实际灾害数据探讨耦合效应与单一灾害情形下灾害的强度、频度等指标变化;从承灾体脆弱性/暴露性出发,结合实际灾害数据,探讨耦合效应相较于单一灾害情形造成的损失差异。

第一种研究方向通常是从气象科学、物理学等专业角度出发,定性探讨相互作用的原理与结果,第二、三种研究方向则是从灾害系统理论出发,分别站在致灾因子危险性和承灾体脆弱性/暴露性的角度对耦合自然灾害的风险与造成的后果进行讨论和研究。

1）从自然灾害的物理模型出发

在单一自然灾害的风险与后果研究中，基于物理模型的方法已经非常成熟，也有了丰富的软件和平台供学者和决策者快速评估风险和制定措施。例如，美国联邦应急管理署研发的 Hazus、新西兰开发的 RiskScape、WorldBank 自主开发的中美洲概率风险评估（central American probability risk assessment，CAPRA）等，都提供了包括地震、洪水、飓风、暴风雪、火山喷发、滑坡等常见自然灾害的基本物理模型与风险指标。然而对于多灾种耦合情形下的自然灾害，上述模型就会出现不准确、不适用等问题。另外，由于知识产权、开发成本等问题的存在，利用实际灾害数据拟合或重建物理模型的方案难以实现[27]。

因此，现有针对自然灾害间的耦合效应的物理模型研究，通常是从各领域的专业角度出发，讨论各自然灾害间物理因素的相互作用方式与耦合结果。赵润华和江静[28]结合 1949～2005 年间江淮梅雨与西北太平洋台风的历史数据，采用小波相干谱等方法分析了两种灾害间的相关性，得出两种灾害间的耦合作用关系通常呈现抑制作用，即梅雨降水量与台风频数呈现显著负相关，并分析得出梅雨可能通过影响季风槽使台风轨迹发生偏移；徐海明等[29]对 9106 号台风进行数值模拟，发现台风的扰动削弱了对流层西南季风，减少了对江淮地区的水汽输送与水汽通量的辐合，同时通过影响副热带高压促进了梅雨的结束；杜兴信等[30]总结分析了洪水和地震灾害间耦合叠加的途径，并利用可信度分配公式和洪水损失矩阵对比计算了洪水与地震在四种不同组合情况下造成的经济损失情况；李钢等[21]分析了地震与洪水的联合成灾机制，包括地震过程中释放的水汽会增加雨季降水量、增强暴雨洪水的强度与频次等，并分析了两种灾害的联合概率模型。

总的来说，这一类研究的学科专业性较强，且已有研究成果较少，缺少可以直接应用于多灾种耦合风险评估的研究成果。现有研究集中在少数几类灾害间的多灾种耦合组合之内，局限性较明显。

2）从致灾因子危险性角度出发

盖程程等[31]基于 GIS 综合考虑了沙尘暴、干旱、地震等多灾种耦合灾害，针对每一类单一灾害选取一种危险性因子，通过指标权重方法计算得到灾害区域的综合危险性与风险。这一类方法也是比较常见的多灾种耦合灾害的综合风险评价方法[4]，然而这一方法难以量化不同灾种之间的相互影响关系。同时，不同自然灾害间的耦合效应也往往呈现非线性的特征，难以通过类似的方式进行叠加求解。因此，部分学者转向从概率模型角度入手，探讨灾害耦合情形下的危险性变化。例如，现行工程设计规范中常用的 Turkstra 和 Madsen[32]、Borges 和 Castanheta[33]荷载组合模型常被用来预测多灾种耦合灾害事件的发生，多维极值理论与 Copula 理论则进一步考虑灾害间的相关性，吕光辉[34]基于四川地区历史上的 42 次地震-

暴雨-洪水灾害案例，利用阿基米德 Copula 函数描述了灾害间的相关性，建立了地震峰值加速度与累积降水量的联合概率分布模型。

联合概率分布模型等理论从数学角度对不同灾害进行了统一化的描述，适用范围较广，但受限于数据不够完备，现有的联合概率分布模型等研究仍缺少进一步的实用性检验与完善。

3）从承灾载体脆弱性/暴露性出发

在自然灾害的研究中，承灾载体通常包括建筑、人员、基础设施系统、社会经济系统等。从承灾载体的脆弱性和暴露性出发更适合讨论灾害造成的后果，因此这一研究方向的成果相对更加丰富。薛禹胜等[35]综述了电力系统在单一与多灾种自然灾害下可能的故障原因与故障后果，并归纳了不同自然灾害引发电网故障的模型，李钢等[21]分析了地震与洪水在相近时期内共同发生或相继发生对结构产生的持续性耦合作用效应，包括地震-洪水冲击/水流力接续作用、洪水冲刷-地震接续作用、洪水冲击/水流力/浸泡-地震接续作用三类，并将两种灾害分别的易损性曲线扩展为易损性曲面，以量化地震与洪水耦合效应对桥梁结构造成的损伤后果。Yin 和 Li[36]针对轻型框架木质住宅木材建筑提出了一个脆弱性评估模型与风险评估框架，评估其在地震和雪灾同时作用下的影响；Kameshwar 和 Padgett[37]利用一种基于参数化脆弱性的多灾害风险评估方法评估同时受到地震和飓风影响的公路桥梁组合，并利用脆弱性函数与区域的实际灾害数据结合评估年度风险；Capozzo 等[38]同时考虑了地震和海啸对俄勒冈州海滨市社区的影响，通过多学科地震工程研究中心（multidisciplinary center for earthquake engineering research，MCEER）框架，从韧性的角度出发，结合脆弱性曲线和 Hazus 来评估建筑物和基础设施的直接损失与损害，建立了地震和海啸造成结构损伤的综合概率公式，并验证了脆弱性会影响耦合效应的作用结果：在良好的环境条件下耦合效应影响较大，而在恶劣的环境条件下影响较小。

这一类型的研究目前大多集中在针对建筑、基础设施等承灾载体的脆弱性和暴露性的讨论上，但人员的生命安全也是安全科学与风险评估的重要研究目标，相关研究还亟待开展和完善。

随着全球变暖、极端气候增加等环境变化，自然灾害频发，造成了大量的人员伤亡与严重的经济损失。耦合效应的存在使传统的单一灾害物理模型逐渐出现不准确、不适用的现象，也进一步提升了自然灾害风险应对和管理的难度。我国幅员辽阔，气候环境类型多样，也是世界上受自然灾害影响最严重的国家之一。如何将耦合效应纳入自然灾害风险评估研究框架，提升风险评估结果的准确性与方法的实用性，是后续努力的方向。

6.4.3　自然灾害与事故灾难间的耦合效应

自然灾害与事故灾难间同样存在耦合效应。与自然灾害间的耦合效应不同的是，由于自然灾害与事故灾难的尺度一般相差较大，往往在自然现象并不足以形成"灾害"时，就会对事故灾难产生重要的影响。自然灾害与事故灾难间的耦合效应大致分为以下三类：①自然灾害的物理作用导致事故灾难更加严重；②多个自然灾害打击承灾载体造成事故（灾难）的后果放大；③事故（灾难）的积累改变自然环境，造成自然灾害。二者的耦合同样会导致风险的放大升级，或者导致原本不存在的风险显现，在风险评估中同样需要注意自然灾害与事故灾难间耦合效应带来的影响。

1. 自然灾害的物理作用导致事故灾难更加严重

此类情况是指自然现象（灾害）作用于已经发生的事故灾难，自然灾害的物理作用使事故灾难的强度或者后果更加严重。典型的例子是 2010 年美国墨西哥湾原油泄漏事件。美国南部路易斯安那州沿海一个石油钻井平台当地时间 2010 年 4 月 20 日起火爆炸，导致海下受损油井开始漏油，原油漂浮在海面上，造成了严重的环境污染。事故发生十多天后，漏油进入强劲的洋流区，导致扩散进一步加强。案例中，自然现象（洋流）的物理作用增强了漏油的扩散，导致了风险的放大升级。

另外一种典型的自然灾害增强事故灾难的案例为风加强火的燃烧。2020 年 3 月，某农户家中发生火灾。起火原因为附近耕地内焚烧碎秸秆后，未将遗留的火种熄灭，火种在大风的作用下复燃，引燃下风方向的羊舍屋面、秸秆等可燃物，蔓延成灾；2021 年 2 月，某农户家中同样发生一起风导致的火灾事故，起火原因为居民倾倒未经处置未燃尽的炉灰，在大风作用下引燃周边可燃物，大火将多个邻居家仓房、农用机具烧毁。案例中，原本不应该发生的火灾事故因为自然灾害的作用发生，在预先的风险评估中难以预料。

2. 多个自然灾害打击承灾载体造成事故（灾难）的后果放大

在 1.1 节中的并行灾害事故中提到 Kelly[39]分析的塔吉克斯坦在 2007～2008 年发生的叠加灾害事故。在这个并行灾害中，同样也存在自然灾害和事故灾难间的耦合效应。因为冬季的严寒和暴雪加上春季的极端干旱，叠加打击塔吉克斯坦的社会系统特别是粮食生产和供应系统，使承灾载体的脆弱性增大，造成事故灾难（粮食危机，社会动荡严重）的效应更加严重。

在其他情况下，也会出现这种情况，如自然灾害造成建筑、设施等结构发生破损，在事故灾难发生时，这些承灾载体的受损情况会更加严重。然而，根据研究分析的对象不同，此类承灾载体导致的放大效应与其他多灾种耦合概念可能相互转化。例如，经常发生的"大灾之后必有大疫"，可以看作自然灾害改变了社会系统（承灾载体）的脆弱性，导致社会事故的扩散；如果把人员作为关注的客体，也可以看作自然灾害（地震、洪水）与疫情形成的灾害事故链。在风险评估的过程中，可以根据研究对象的不同需要，来确定风险评估的模型与方法。

3. 事故（灾难）改变自然环境导致自然灾害

事故（灾难）改变自然环境从而导致自然灾害同样也是自然灾害和事故灾难间重要的耦合效应之一。由于自然灾害和事故灾难间的尺度相差较大，通常来说，发生事故是否到达"灾难"的程度并不是导致自然灾害的关键因素。人类活动所导致的事故（灾难）经过长时间或者多次的积累，就有可能激发自然灾害。例如，人类工程活动导致的滑坡、崩塌等地质灾害[40]，工业排放改变了大气状态进而导致气象灾害等。

现有风险评估研究一般是通过对已有案例的总结、对指定区域的调查以及从物理学、地球科学与生命科学等理论方面推导事故灾难激发自然灾害的机理。例如，Closson 和 Abou Karaki[41]讨论了由于死海支流的过度开发诱发的下沉、滑坡和再活化的盐岩溶对海岸段的影响，通过对死海周围的主要观测结果，揭示了西岸（以色列、巴勒斯坦当局）和东岸（约旦）地质灾害的差异。周平根等[42]讨论了公路铁路建设、矿产资源开发、城市建设发展、水利水电建设等人类活动在不同的地质条件下诱发地质灾害的现象，为环境保护和防灾减灾研究指出了方向。赵龙辉[43]通过对湖南省人类活动诱发地质灾害的现状进行调查，对人类活动诱发地质灾害的特点和规律进行深入研究，分析人类活动诱发地质灾害的方式、类型、机制、分布及危害状况，提出了有效的防治对策和措施。

Gill 和 Malamud[44]对事故灾难（人为活动）激发自然灾害做了广泛而全面的概述分类，他们先总结了 18 种人为活动过程，总结确定了两个不同的人为过程之间可能发生的 64 种相互作用，这可能导致同时或连续出现不同人为过程类型的集合。同时，他们使用现有的 21 个自然灾害分类，将自然灾害分为地理、水文、浅层地球过程、大气、生物和空间天文灾害 6 个灾害组，并确定了这些人为活动及其导致的事故和自然灾害之间的诱发关系。

就其影响与后果而言，不管是自然灾害还是事故灾难，其都会产生严重的社会危害，自然灾害是自然现象产生的危害，事故灾难是人类生产生活活动引发的灾难。然而，人类作为自然界的一部分，若将人类社会与自然界割裂开来，则会导致相关概念和场景的混乱。例如，典型的地震-滑坡-泥石流灾害链，若发生在无人类活动的山区，不对人类社会产生任何影响，则其应该作为一种自然现象还是灾害来看待，可能会存在争议；人类生产事故导致了环境污染，如水污染、空气污染、土壤污染等，受到影响的自然生态环境进而影响人类的生命财产安全，则也无法判断其是自然灾害还是事故灾难。另外，灾害和事故的影响，如造成了交通、电力等基础设施的崩溃，可能是后续影响进一步扩大或产生其他灾害事故的关键环节，这种影响并不属于自然灾害或者事故灾难，却因为其和其他灾害事故的耦合导致了风险的升级放大。同时，在实际案例的分析中，灾害和事故造成的"影响"，可能是另一种灾害或事故。因此，在自然灾害和事故灾难间的耦合效应研究中，主要评估的是自然界与人类社会的耦合风险，并不一定限制于"灾害"或者"事故"。

6.5 本 章 小 结

本章介绍了开展的火爆毒事故中多灾种耦合效应的实验与数值模拟、基于实验与模拟结果开展的火爆毒物理耦合效应的量化研究，并以实例分析为基础，分析了多灾种耦合效应对火爆毒事故风险评估结果的影响；本章还介绍了火爆毒事故危险性与人体脆弱性两类耦合效应对事故后果与风险评估结果的影响，为工业多灾种耦合事故预防、预测、应急等工作提供了参考；本章进一步介绍了自然灾害间、自然灾害与事故灾难间的多灾种耦合效应典型案例、研究现状、研究成果，并分析了研究面临的难点与挑战，以及未来研究的发展方向展望。本章的主要研究成果与结论总结如下。

（1）本章构建了多灾种耦合效应的研究框架。多灾种耦合灾害与事故之所以相较于独立灾害事故有所不同，是因为其中存在复杂的相互作用、相互影响关系，使灾害事故风险存在非线性、不可预测性等特征，给风险评估方法的应用带来了困难。为了提升多灾种耦合风险评估方法的准确性与适用性，开展多灾种耦合效应研究的必要性与实际意义不言而喻。

（2）以实验与数值模拟结果为基础，本章开展了爆炸物理耦合效应的量化研究。通过实验与对照验证组数值模拟结果的数据分析以及基于拓展组数值模拟结果的函数拟合，本章得出了关于耦合效应对爆炸物理效应有直接影响的结论：爆炸冲击波波速随大气温度上升而上升，随大气密度上升而下降。冲击波超压随大气温度上升而下降，但受大气密度变化的影响不明显。

（3）本章从火爆毒事故中不同类型事故的物理效应间的耦合作用机制分析入手，通过基于实验装置模型的数值模拟定量探究耦合效应的影响，发现火灾和有毒气体泄漏事故间的耦合效应会导致二者分别造成的事故后果严重程度增加，体现了耦合作用对事故后果严重程度的放大效应。在火爆毒多灾种耦合事故的风险定量评估中，事故物理效应间的耦合效应是不可忽略的。

（4）本章在火爆毒事故物理效应间的多灾种耦合效应定量研究的基础上，进一步介绍了事故危险性、人体脆弱性两类耦合效应，以及自然灾害间的内部耦合效应、自然灾害与事故灾难间的外部耦合效应，从概念定义、典型案例、研究现状、后续发展等层面对多灾种耦合效应研究框架进行了完善。

参 考 文 献

[1] Tang C, Huang Z, Jin C, et al. Explosion characteristics of hydrogen–nitrogen–air mixtures at elevated pressures and temperatures[J]. International Journal of Hydrogen Energy, 2009, 34 (1): 554-561.

[2] 沈锴欣, 贺治超, 翁文国. 化工多米诺事故中物理效应间的耦合作用[J]. 清华大学学报（自然科学版）, 2022, 62 (10): 1559-1570.

[3] Sachdev P L. Shock Waves & Explosions[M]. Boca Raton: Chapman and Hall/CRC, 2004.

[4] Sembian S, Liverts M, Apazidis N. Plane blast wave propagation in air with a transverse thermal inhomogeneity[J]. European Journal of Mechanics-B/Fluids, 2018, 67: 220-230.

[5] 聂源, 蒋建伟, 门建兵. 考虑环境温、湿度的球形装药爆炸冲击波参数计算模型[J]. 爆炸与冲击, 2018, 38 (4): 735-742.

[6] Izadifard R, Foroutan M. Blastwave parameters assessment at different altitude using numerical simulation[J]. Turkish Journal of Engineering and Environmental Sciences, 2010, 34 (1): 25-42.

[7] 宇德明, 冯长根, 曾庆轩, 等. 开放空气环境中的池火灾及其危险性分析[J]. 燃烧科学与技术, 1996, 2 (2): 95-103.

[8] Casal J. Evaluation of the Effects and Consequences of Major Accidents in Industrial Plants[M]. 2nd ed. Amsterdam: Elsevier, 2018.

[9] Centre for Chemical Process Safety. Guidelines for Chemical Process Quantitative Risk Analysis [M]. 2nd ed. New York: American Institute of Chemical Engineers, 2000.

[10] Alduchov O A, Eskridge R E. Improved Magnus form approximation of saturation vapor pressure[J]. Journal of Applied Meteorology, 1996, 35 (4): 601-609.

[11] Mazzola C A, Addis R P. Atmospheric transport modeling resources[R]. Aiken: Stone and Webster Engineering Corporation, 1995.

[12] 谷清. 我国大气模式计算的若干问题[J]. 环境科学研究, 2000, 13 (1): 40-43.

[13] Smith S. The performance of distribution utility poles in wildland fire hazard area[EB/OL].[2014-05-13]. https://woodpoles.org/portals/2/documents/TB_PolesInWildfires.pdf.

[14] Steinle J U, Franck E U. High pressure combustion–Ignition temperatures to 1000 bar[J]. Berichte der Bunsengesellschaft für physikalische Chemie, 1995, 99 (1): 66-73.

[15] 李天祺, 赵振东, 余世舟. 石化企业毒气泄漏的数值模拟与危险性评估[J]. 安全与环境学报, 2011, 11 (5): 218-221.

[16] 李月明, 商宏伟, 孟祥忠. 成功救治天津港 8·12 爆炸事故中冲击波性复合伤 1 例[J]. 中华灾害救援医学, 2017, 5 (6): 338-339.

[17] He Z, Weng W. Synergic effects in the assessment of multi-hazard coupling disasters: Fires, explosions, and toxicant leaks[J]. Journal of Hazardous Materials, 2020, 388: 121813.

[18] United Nations Development Program. UNDP Disaster Index[EB/OL]. [2004-07-12]. https://www. humanitarian-library.org/resource/undp-disaster-index#linked-channels.

[19]　Center for Hazards and Risk Research. Hotspots Partners and Sponsors[EB/OL]. [2005-02-04].https://www.ldeo. columbia.edu/chrr/research/hotspots/partners.html.

[20]　Kumar S，Rao C V S K. Fire load in residential buildings[J]. Building and Environment，1995，30（2）：299-305.

[21]　李钢，秦佩瑶，董志骞，等. 地震与洪水作用下结构风险分析与设计研究进展[J]. 防灾减灾工程学报，2022，42（2）：237-250.

[22]　Tarvainen T，Jarva J，Greiving S. Spatial pattern of hazards and hazard interactions in Europe[J]. Special Paper-Geological Survey of Finland，2006，42：83.

[23]　Hewitt K，Burton I. Hazardousness of a Place：A Regional Ecology of Damaging Events[M]. Toronto：University of Toronto Press，1971.

[24]　Kappes M S，Keiler M，von Elverfeldt K，et al. Challenges of analyzing multi-hazard risk：A review[J]. Natural Hazards，2012，64（2）：1925-1958.

[25]　史培军，吕丽莉，汪明，等. 灾害系统：灾害群、灾害链、灾害遭遇[J]. 自然灾害学报，2014，23（6）：1-12.

[26]　汪嘉俊，翁文国. 多灾种概念辨析及灾害事故关系研究综述[J]. 中国安全生产科学技术，2019，15（11）：57-64.

[27]　Porter K，Scawthorn C. OpenRisk：Open-source risk software and access for the insurance industry[C]//1st International Conference on Asian Catastrophe Insurance（ICACI），Kyoto，2007.

[28]　赵润华，江静. 江淮梅雨与西北太平洋台风的关系[J]. 南京大学学报（自然科学版），2009，45（3）：365-376.

[29]　徐海明，王谦谦，葛朝霞. 9106 号台风的热力作用对出梅影响的数值研究[J]. 热带气象学报，1994，10（3）：231-237.

[30]　杜兴信，王哲，张惠玲，等. 渭河下游洪水、地震灾害综合风险分析与损失评估[J]. 灾害学，1997，12（2）：39-43.

[31]　盖程程，翁文国，袁宏永. 基于 GIS 的多灾种耦合综合风险评估[J]. 清华大学学报（自然科学版），2011，51（5）：627-631.

[32]　Turkstra C，Madsen H O. Load combinations in codified structural design[J]. Journal of the Structural Division，1980，106（12）：2527-2543.

[33]　Borges J F，Castanheta M. Structural Safety[M]. Paris：Laboratório Nacional de Engenharia Civil，1971.

[34]　吕光辉. 洪水和地震联合作用下村镇砌体结构的失效风险评估[D]. 大连：大连理工大学，2020.

[35]　薛禹胜，吴勇军，谢云云，等. 复合自然灾害下的电力系统稳定性分析[J]. 电力系统自动化，2016，40（4）：10-18.

[36]　Yin Y J，Li Y. Probabilistic loss assessment of light-frame wood construction subjected to combined seismic and snow loads[J]. Engineering Structures，2011，33（2）：380-390.

[37]　Kameshwar S，Padgett J E. Multi-hazard risk assessment of highway bridges subjected to earthquake and hurricane hazards[J]. Engineering Structures，2014，78：154-166.

[38]　Capozzo M，Rizzi A，Cimellaro G P，et al. Multi-hazard resilience assessment of a coastal community due to offshore earthquakes[J]. Journal of Earthquake and Tsunami，2019，13（2）：1950008.

[39]　Kelly C. Field note from Tajikistan Compound disaster-A new humanitarian challenge？[J]. Jàmbá：Journal of Disaster Risk Studies，2009，2（3）：295-301.

[40]　Ellsworth W L. Injection-induced earthquakes[J]. Science，2013，341（6142）：e1225942.

[41]　Closson D，Abou Karaki N. Human-induced geological hazards along the Dead Sea coast[J]. Environmental Geology，2009，58（2）：371-380.

[42]　周平根，唐灿，王思敬. 人类活动与诱发地质灾害[J]. 科学对社会的影响，1998（1）：14-19.

[43]　赵龙辉. 湖南省人类活动诱发地质灾害成因及防治对策研究[J]. 地质灾害与环境保护，2008，49（2）：7-11.

[44]　Gill J C，Malamud B D. Anthropogenic processes，natural hazards，and interactions in a multi-hazard framework[J]. Earth-Science Reviews，2017，166：246-269.

彩　图

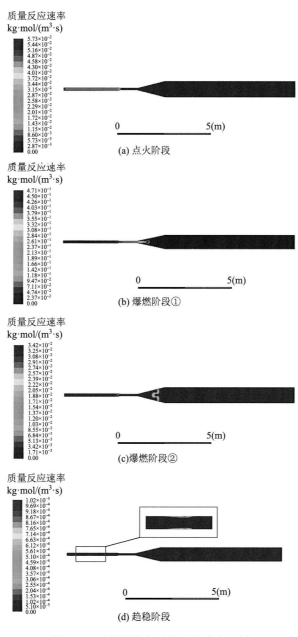

(a) 点火阶段

(b) 爆燃阶段①

(c) 爆燃阶段②

(d) 趋稳阶段

图 6.11　火焰燃烧各阶段反应速率云图

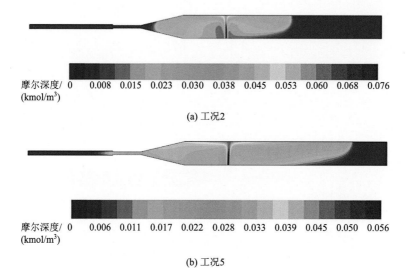

摩尔深度/
(kmol/m³)　0　0.008　0.015　0.023　0.030　0.038　0.045　0.053　0.060　0.068　0.076

(a) 工况2

摩尔深度/
(kmol/m³)　0　0.006　0.011　0.017　0.022　0.028　0.033　0.039　0.045　0.050　0.056

(b) 工况5

图 6.14　$t = 30s$ 时不同工况下装置内氯气摩尔浓度分布云图